U0222975

朱振藩 著

味外之味

生活·讀書·新知 三联书店　生活書店 出版有限公司

图书在版编目（CIP）数据

味外之味 / 朱振藩著 . — 北京：生活书店出版有限公司 , 2016.1
ISBN 978-7-80768-109-0

Ⅰ . ①味… Ⅱ . ①朱… Ⅲ . ①饮食—文化—中国
Ⅳ . ① TS971

中国版本图书馆 CIP 数据核字（2015）第 171066 号

责任编辑　廉　勇
装帧设计　罗　洪
责任印制　常宁强
出版发行　**生活書店**出版有限公司
　　　　　（北京市东城区美术馆东街22号）
邮　　编　100010
图　　字　01-2015-4220
经　　销　新华书店
印　　刷　北京隆昌伟业印刷有限公司
版　　次　2016年1月北京第1版
　　　　　2016年1月北京第1次印刷
开　　本　635毫米×965毫米 1/16　印张15.5
字　　数　160千字
印　　数　0,001-8,400册
定　　价　32.00 元

（印装查询：010-64002717；邮购查询：010-84010542）

京师食品亦有关于时令。十月以后，则有栗子、白薯等物。

栗子来时用黑砂炒熟，甘美异常。青灯诵读之余，剥而食之，颇有味外之味。

白薯贫富皆嗜，不假扶持，用火煨熟，自然甘美，较之山药、芋头尤足济世，可方为朴实有用之材。

——富察敦崇《燕京岁时记》

目 录

序·知味天地宽

弦外之音，通常意有别指，让人莫测高深，亦可发人深省。味外之味则不然，其中种种况味，非但越探越出，甚且无入而不自得。是以善听者聆听弦外之音，善品者则享味外之味，彼此各精一端，人生因而益妙。

味外之味，大有趣味。我之所以探索其味，始于多年前读清人富察敦崇的《燕京岁时记》，书中指出："栗子来时用黑砂炒熟，甘美异常。青灯诵读之余，剥而食之，颇有味外之味。"为了明白此味，曾依样画葫芦，却吃不出个所以然来，差别或许在于电灯终究不是青灯，少了那股"味"儿。此外，有人认为糖炒栗子宜配竹叶青酒食之，才会香气更浓，有那"味外之味"。我在试了之后，其味果然不同，深服前人之见识，得味外味之旨趣。

又，关于栗子的品味，还有两种说法，可供诸君参详。就拿桂花鲜栗羹来说吧，这本是个时令菜，当秋末冬初之际，桂花阵阵飘香，栗子结实饱满，两者同纳一锅，由于得自意外，竟成千古名菜，引出一段佳话。

相传唐玄宗天宝年间，在一个中秋明月夜，杭州灵隐寺火头僧德明，正轮值烧栗子粥，供合寺僧众消夜。刚巧金风送爽，无数桂花飘落，大家吃过粥后，都夸清香扑鼻，味道更胜往昔。德明十分好奇，在几番探究后，终于解开谜题。从此之后，加桂花的鲜栗粥成了该寺名点，专供往来宾客食用，大受欢迎。

此粥再经厨师改良，加入西湖藕粉，易粥为羹之后，遂使桂花芳香、鲜栗爽糯及羹汁浓稠，全部融为一体。滋味清甜适口，比原先的还好，因而流行于江南，现则以江苏常熟虞山所烹制的最为脍炙人口。

这道著名素食，甚宜寒夜享用，天冷熬个一锅，趁热呷上两口，那种舒服暖和，全家人都畅心。

不过，杭州西湖的桂花，至今仍是名产，尤其烟霞岭下翁家山所产者，远近驰名。其中的满家弄一地，不但桂花特别香，而且桂花盛时，正逢栗子成熟，桂花煮栗子遂成了路边小店的无上佳品。浪漫诗人徐志摩曾告诉散文大家梁实秋说："每值秋后必去访桂，吃一碗煮栗子，认为是一大享受。有一年去了，桂花被雨摧残净尽，感而写了一首诗《这年头活着不易》。"

区区一个栗子，惹来无数题材，引发不尽遐思，且说句实在话，全是味外之味，越探越有味儿，而且余味无穷。人生也唯有如此，才过得有滋有味，不但提升精神层次，同时足以适口惬意，于游目骋怀外，潇洒地走一回。

一

辑

牛肉丸弹跳爽口

　　据说十大元帅之一的贺龙，有次视察汕头驻军，尝到鲜脆爽口的东江（潮州）牛肉丸，连连声称"好菜"，随即起身向厨师大老蔡敬酒，并提问："牛肉丸是如何做成的？"拙于辞令的大老蔡，幸好见机得快，马上抓起两粒牛肉丸朝地上一扔，丸子像乒乓球般弹得老高；接着他又取出两把像秦琼用过的铁锏来，回说："就是用这家伙将牛肉片打烂，切不可用刀子剁碎，丸子才弹得起来，入口才会有脆感。"贺龙见状，大笑不已，举座皆欢。

　　这种爽口牛肉丸，乃广东东江地区的传统名菜，又称东江或潮州牛肉丸。其爽口的秘密，则在绝不能像制作普通肉丸般，先把肉料切碎后剁烂，而要将整牛腿肉用钝器捶砸成泥。推究其原因，应是可使肉浆保持较长的肌肉纤维，从而在成丸后产生强韧的弹性。待肉浆捶打完毕，把它盛进大盆，加清水、精盐、湿淀粉搅拌均匀，再将肉浆不断拍打，增加其黏性，直到抓起后不往下掉为止。接下来则是挤丸，以左手抓肉浆在掌心里，紧握拳头，使肉浆从拇指与食指弯曲的缝中挤出来，右手再拿汤匙将丸子由手缝中挖出，置微沸水（约七十摄氏度）中小火煮至定型。由于这套纯手工制作的牛肉丸耗时费工，以致流传不广，仅在粤东地区流行。

关于此菜的起源，一说是从周天子"八珍"中的"捣珍"演变而来，另一说乃是魏晋南北朝时的"跳丸炙"。约在五胡乱华时，今客家人的祖先自中原南迁，将此制法带至岭南，其后传至粤东的惠州、梅县一带。直到20世纪40年代，始传至潮汕地区，作为小吃应市，成为当地名品。由此观之，牛肉丸在东江，可谓后来居上，进而一枝独秀，目前它在当地已与猪肉丸、鱼肉丸齐名，合称"三丸"。

色泽艳红、肉质爽软、滋味香醇的爽口牛肉丸，可与濑粉、河粉、米粉、伊面等搭配食用，可以当成正餐，亦可权充点心，爽口弹牙，无以上之。难怪周星驰和莫文蔚主演的《食神》一片中，以"爆浆濑尿牛丸"影射。爽口牛肉丸被公认为"天下第一丸"，脍炙人口，无逾于此。

我早年在香港即爱食爽口牛肉丸，有时会与鱼蛋同享，既脆且爽，越嚼越带劲儿。最常光顾者，乃位于尖沙咀的"乐园牛丸皇"。食家蔡澜谓其牛肉丸往地上一掷，可弹得与桌面同高，此话虽然夸张，但距真相并不甚远。前一阵子位于永和竹林路的"成记粥面专家"，亦有爽口牛肉丸出售，或做菜品荐餐，或与河粉同享，都有一定水平。可惜毕竟欣赏者少，后来不再供应，令我扼腕而叹，久久不能自已。

打牙祭的进化史

　　我们现在到外头去吃个馆子，或者烧顿好饭菜犒劳亲友，常会挂在嘴上的口头禅，不外是"打牙祭"或"祭五脏庙"这两个词儿。祭五脏庙易解，但一提及打牙祭，很多人只知今意，却不明白其由来，其实，它可是挺有意思的哟！

　　事实上，牙祭这一习俗由来已久，它源自中国古代之"祃牙"。据《宋史·礼志》上的解释："祃牙"系"'祃'师祭也。军前大旗曰'牙'，师出必祭，谓之'祃牙'"。可见"祃牙"乃古代军旅中祭拜牙旗之大礼，祭礼虔诚肃穆，的确非同小可。而在商场中，"同行如敌国"，尔虞我诈，其风险之大，一如行军打仗。因此，一年之中首日开市，即仿效军队举行"师祭"，祈求旗开得胜之意，也来个祭典，冀望生意兴隆，财源广进。从此之后，祃牙便从"师祭"慢慢演变成"商祭"，成为一种例规。

另，过去商界中，凡大年初一照例"休市"，停止营业一天，到了年初二才开始营业，谓之"开市"，亦称"开牙"。而在开市当天，因是一年之始，当然格外隆重。开门要燃放"万头"长炮，谓此为"开长红"。还要祭拜财神爷，大摆酒席庆贺，祈求"开门大吉""生意兴旺"。宴席上要按"九大簋（音鬼）"设置酒菜，而"生菜（生财）""生鲤（生利）""发菜（发财）""蚝豉（好市）"之类有好彩头的菜肴更万万少不得。以此观之，此种"开牙祭"即是所谓的"牙祭"，也就是今日所说的"开牙""做牙"，显然它是承袭"祃牙"的遗风而来。

习俗总是日见齐备、越显周密，故发展到后来，不但正月初二要做"开头牙"，举凡每月初二，甚至十六，也要做"牙祭"（一称"做祃"）。此外，早年一些店家，平日多吃蔬食，每隔若干日，才吃顿肉食，这也叫"牙祭"。例如清人吴敬梓《儒林外史》描述："平常每日就是小菜饭，初二、十六跟着店里吃牙祭肉。"足见其范围也越来越广，与原意已渐行渐远了。

到了后来，两广地区的人们"打工揾事头（即老板）"，除了当面言明每月工钱、红利外，每月到底有几次牙，也得事先讲清楚，才不会吃暗亏。然而，当吃年初二的"头牙宴"后如被老板宣布"炒鱿鱼（即解雇）"，就得另找头家。因此，对于"打工仔"而言，喝这"头牙酒"，并不全然是享受美食，能否

"过关"，才最重要。

而今"牙祭"这种习俗，由于"文革""破四旧"之故，已在两广一带消失，但在港澳特区及海外华人聚居之地，依然盛行不辍。当下台湾的习俗，已与两广大有别，不是吃"头牙"，而是食"尾牙"，老板让员工在过年前打个牙祭，起到联欢的作用，早就远远超过保住饭碗，显然有人情味多了。所以，同样打个牙祭，今古之俗大异，心情亦有天壤之别哩！

神仙粥"妙"用无穷

已故饮食大家唐鲁孙曾写道:"广东人到了夏天,最喜欢以荷叶入馔或做点心,用瓦制的牛头煲来煮。煮的时候,用井水、大火,一煮几小时,米粒接近溶化程度,他们叫'明火白粥'。在水将要开锅前,放下腐皮、白果,等粥熬好,将锅盖掀开,把洗净鲜荷叶代替锅盖盖严,扣上十分钟,则白粥变成浅绿色,碧玉溶浆,荷香四溢。先曾祖乐初公(长善)在广州将军任内,暑天时常以此待客,梁星海(鼎芬)、文艺阁(廷式)给这个粥取名'神仙粥'。"

说真格的,唐老追忆的这段神仙粥,出自文人附会,并非原始面貌。目前我所知最早的神仙粥方子,乃唐代遗留的敦煌残卷所记,文云:"神仙粥:山药蒸熟,去皮一斤;鸡头实(即芡实,鸡头米)半斤,煮熟去壳,捣为末。入粳半升,慢火煮成粥,空心食之。或韭子末二三两在内,尤妙。食粥后,用好热酒，饮三杯，妙！"因这粥"恐为当时道士、修炼之人所服用粥方"，故名。而喝此粥的好处，则是"善补虚劳，益气强志，壮元阳，止泄精"，确实为食疗上品，其功效或可媲美"威而刚"。

到了清朝时，另一款神仙粥出现，效果完全不同，它的疗效不在那话儿，而是"专治感冒风寒暑湿，头痛骨疼，并四时疫气流行等症。初得病两三日，服此即解"。其煮法为"用糯米半合，生姜五大片，河水二碗。于砂锅内煮一二滚，次入带须大葱白五七个，煮至米熟，再加米醋小半盏，入内和匀"。在服用之时，则需"乘热吃粥，或只吃粥汤，即于无风处睡，以出汗为度"。由于此以米补养为君，葱、姜发散为臣，一补一散，而又以酸醋敛之，故而"甚有妙理"，极具食疗价值。

又因为其"屡用屡验"，所以，绝"非寻常发表之剂可比也"。按：此方原收于褚人获的《坚瓠集》，且同时期人朱彝尊所著的《食宪鸿秘》，亦有类似之记载。两者的文字虽略有出入，但道理并无不同。朱并谓此粥的作用为"米以补之，葱以散之，醋以收之"，结果"三合甚妙"，可以粥到病除。

事实上，先民早就总结了食粥的好处，说一省费，二全味，三津润，四利膈，五易消化。南宋诗人陆游的诗《食粥》更云："世人个个学长年，不悟长年在目前。我得宛丘平易法，只将食粥致神仙。"不过，在此可以肯定的是，光食粥是不会成仙的，唯有吃唐代那款"神仙粥"，可望爱全最高点，快乐似神仙；

而常食清代的"神仙粥"，则身强体壮，病毒不侵，健步如飞，飘飘欲仙。我猜想，这或许才是将它命名成"神仙粥"的真正原因吧！

味外之味

成都肺片两头望

最近大陆湘西举办个牛头宴，共享一百颗牛头，此举果然噱头十足，引起各方骚动，毁誉褒贬不一。

以牛头入馔，烧得最好的，莫过于民初川菜一代宗师黄敬临。黄氏于烹饪之道，每用极普通的食材，像瓜、菜、豆腐或鱼、肉等，精制道道美食，绝少以高档的鱼翅、燕窝、鲍鱼、熊掌烧菜。这位"安于操刀弄铲""但凭薄技显余晖"的神厨，其拿手好菜之一，便是一般人弃而不用的红烧牛头，刀火功高，味醇料正，号称"天下美味"。

其实，早年的四川成都人好食牛头肉，尤其是牛脑壳处和牛脸肉等"下脚料"，俗称"肺片"。名作家李劼人在《饮食篇》中曾指出："名实之不相符，无过于明明是牛脑壳皮，而称之曰'肺片'，……牛脑壳皮煮熟后，开成薄而透明之片，以卤汁、花椒、辣子红油拌之，色泽通红鲜明，食之滑脆辣香。"只是"发明者何人，不可知；发明之时期，亦不可知"。到了 1920 年前后，更讹称为"废片"。从此之后，这牛肺片真相到底为何，也就无人细究了。

这个牛脑壳皮，每片约半个巴掌大，"薄得像明角灯片，半透明的胶质体也很像；吃在口里，又辣、又麻、又香、又有味，不用说了，而且咬得脆砰砰的，极为有趣"。而这种成都皇城坝三桥回民特制的名小吃，其正经名叫"盆盆肉"，诨名则叫"两头望"，其名称之由来，倒是有一段故事，极为诙谐有趣，且为诸君道来。

原来这三座桥之桥头，都能望见回民摆土钵钵卖这冷荤小吃，其场景为"短凳一条，一头坐人，一头牢置瓦盆一只，盆内四周插竹筷如篱笆，牛脑壳皮及牛脸肉则切成四指宽之薄片，调和拌匀，堆于盆内"，故有"盆盆肉"之称。由于辣香四溢，过客遂被勾引，那些贫苦大众，无不聚而食之，每人各手一筷，纷纷拈食入口。卖家一边喝卖，一边吆喝食客，"筷子不准进嘴"。食毕算账，两钱三块，三钱五块。此一淋漓尽致的吃法，自然轰动全城。爱其味者，甚至面对盆盆，愈吃愈香，愈香愈不可遏止，直到把身上所有的铜板吃光为止。

面对这种"下里巴人"的美味，一些穿长衫而过的"上等人"，"震其色香，欲就而食，则又腼腆，恐为知者笑"，乃"趑趄而过，不胜食欲之动，回旋摊头"，疾拈一二片放进口中，一面咀嚼，一面两头望，怕被熟人撞见，既有失身份，也不甚雅观。取名"两头望"，真够传神。

著名的老字号餐馆"荣乐园"有鉴于此，乃师其用料，但不用卤水，即不沾水汁，改成现炒的盐，另加入花椒面、辣子面等作料拌匀，味仍保持麻辣，但平添甘脆口感，更能诱人馋涎，佐酒下饭，无以上之。

严冬酌烧酒至补

寒流来袭，气温骤降，照古人的想法，正是"晚来天欲雪，能饮一杯无？"如以食物而言，最好是有火锅，这火锅可是种类不拘，凡酸菜白肉锅、涮羊肉、牛锅、羊肉炉、麻辣火锅等，都是不错的选项。即使无火锅，只要有一海碗热汤，也能让人无限暖意在心头。而搭配的酒种，也要相得益彰，唯有这样，不但够"味"，而且过瘾。

依我个人经验，此际最宜痛饮或小酌的，非白干莫属。白干一名烧酒、烧刀子、汗酒、白酒等，乃称雄中华之善酿。其出现，约在两宋之时。虽然有人认为白酒的酿法是元代才从中亚传入中土的，但有更多的证据说明它起源地在中国。其一是 1978 年左右，河北省青龙县出土了一套金世宗大定年间（1161—1189）生产的铜制酿酒烧锅；其二是北宋人朱翼中《北山酒经》已载有烧酒的前身——"火迫酒"；其三是南宋人宋慈(注:其事迹曾被拍成电视剧《大宋提刑官》)在所著的全世界第一部法医学专著《洗冤录》中,即提及口含"烧酒"吮毒蛇咬伤之伤口,借以拔毒之法。而这里的"烧酒",无疑应是酒度甚高的蒸馏酒,否则无法起消毒的作用。准此以观,宋代已有白酒,不仅有迹可寻,同时还是世界考古学上的重大发现之一。

白酒称为"烧刀",始于明代。闽人谢肇淛的《五杂俎》上记载:"京师之烧刀,舆隶之纯绵也,然其性凶憯(即"惨"也),不啻无刃之斧斤。"他把这种天子脚下人俗称的"烧刀子",讲成是品质暴烈,入口极辣,无异于利斧。原来在那时候,酿制过程中所蒸馏出来的白酒,采取混合存放,因而酒质不纯,刺激性甚强,虽流行于市井,但不为文人雅士所喜。

直到清朝中叶,京师及山西的烧酒作坊,为了纯净烧酒质量,便进行工艺上的改革。他们在蒸酒时,先用"天锅"(以锡制造)将首次流出的酒头和第三次流出的酒尾,另做其他处理。然后把第二次所流出的酒液,专供大众饮用,称之为"二锅头"。是以《清稗类钞》云:"烧酒性烈味香,高粱所制曰'高粱烧',……而北人之饮酒,必高粱,且以直隶之梁各庄、奉天之牛庄、山西之汾河所出者为良。其尤佳者,甫入口,即有热气直沁心脾。"

至于烧酒的功用,撰写《随园食单》的袁枚指出:"驱风寒,消积滞，非烧酒不可。"可见在严寒胃口大开之际，饮些烧酒助兴，于身体实大有裨益。

高粱酒属清香型白酒，向以汾酒及二锅头最负盛名。袁枚还戏称："既吃烧酒，以狠为佳。汾酒乃烧酒之至狠者。"而师承自汾酒制法的"福禄寿"高粱酒，愈陈愈香，能赋新味，有名于时，且其所出产之陈年福酒极佳，一直是海峡两岸酒客眼中的珍酿、馈赠的上品。阁下在寒夜欲雅上个两杯，应是不错的选择。

爱食鲜鱼判高低

广东人吃鱼,讲究生猛。其实,别的地方的人,又何尝不是如此?但要保持新鲜,在交通及冷藏技术不发达的古代,的确得绞尽脑汁或耗尽人力。只是其手法之雅俗高低,相去不啻万里。

在四川郑关地区的短河道里,产有一种捞捕季节短、无鳞味美、数量甚少且出水即死的退秋鱼。

民国初年时,离此二三十公里的自流井,住着一个大盐商,名叫王星垣,他特嗜此鱼。为了吃到最新鲜的,每要求设在郑关分号的掌柜备妥锅灶,清晨一网住鱼,随即下锅烹调。烧好之后,马上装入挑面担子的铁锅内,以微火保温。接着由盐工轮流挑着,直奔自流井。途中除疾走外,尚得小跑,像接力赛一样地分段完成。而盐工们则因送鱼,个个积劳成疾,有人甚至在路上口吐鲜血而死。他这种为谋一己之私的不人道行为,实在令人发指，真是可恶透顶。

至于鲥鱼的美味，就不消多说了。它平常生活在大海里，于每年4—5月中，准时溯江河而上，到淡水河中产卵，以长江和富春江所产的，尤脍炙人口。

距今百余年前，住在安徽桐城的一些文人雅士，因居所离长江约四十五公里，为一膏馋吻，遂别出心裁，发明了砂锅鲥鱼这道菜，现已成为安徽省的名菜之一。

事实上，这吃法并非凭空设想，而是由南宋时徽商在首都临安（今杭州）吃"问政山笋"的办法推衍而得。其方法乃派人在江边取刚离水的鲥鱼，不批去鱼鳞，一整治干净，便切为两段，加料酒、酱油、醋和清水等，再加葱段、姜片、精盐及火腿片，用炭火细炖，以火炉加热，并保持汤面偶冒小泡，缓慢前行，朝发夕至。待上桌时，已汤浓脂凝，鲜味透骨。此时，只要拣净葱、姜，即可大快朵颐，好好饱餐一顿。

这烧法妙在炭火单炖，呈现原味，方法古朴，体现典雅。比起王星垣那种不恤人力的"粗食"来，高明不知凡几。不愧食家风致，让人孺慕不已。

我极爱食鲜鱼，首重清蒸。管它是港式、闽式、粤式或台式，只要火候得宜，无不馨香味美，慢慢挑剔吸吮，享用不尽滋味。

　　　　　　　　　　　　　味外之味

臭豆腐的沧桑史

谈起臭豆腐的发明人，通说是清康熙年间的王致和。事实上，他只是众多的分身之一而已。

说来难以置信，他的本尊可是明太祖朱元璋哩！原来他年少时，在偶然机缘下，发现了臭豆腐，用其煎以果腹，食之而味甚美，因而久久难忘。后来起义反元，挥师往徽州前，特命伙夫制作，以此犒赏三军。从此之后，油煎毛豆腐遂在安徽的徽州、屯溪、休宁一带流传。历经数百年的改进，终成当地的传统美食。

其制法不难。将豆腐切块用稻草盖住，使之自然发酵，待它色呈靛绿，长出白色之毛，即下油锅两面煎黄，等到表面起皱，再加入葱、姜末及糖、盐、酱油、肉汁，烧烩使入味，先颠翻几下，再装盘即成。可另蘸辣酱佐食。

而在众多分身当中，烧得最好也最出名的，首推湖南长沙火宫殿小吃群里的姜二爹，他烧的臭豆腐以"黑如墨、香如醇、嫩如酥、软如绒"著称。据说毛泽东曾特意吃了一次，并说："火宫殿的臭豆腐还是好吃。"结果，在"文化大革命"中，竟成一条"最高指示"，还用油漆写在火宫殿的照壁上，成了一桩食林奇谈。

姜二爹的烧法是先以小火炸，接着在酥透的臭豆腐中央捅个孔，滴入酱油、麻油、辣椒粉等作料。吃来馨鲜醇厚，非但不闻其"臭"，反有一股湛香。

"王致和"是北京的分身，因他的臭豆腐块长满了青色的霉菌，故有"青方"的雅号，向以料精、质佳、工细闻名，完全用炸享用。品尝之时，可蘸花椒油或香油，甚至可与红辣椒一起炸透来吃，风味尽管不同，但各有爱好者。

另一分身来自苏州"玄妙观"前，卖这味小吃的，全是荷担摊贩。有的人随地设摊，也有的人串街走巷，号称"油氽臭豆腐"，后来传到上海，间接影响了台湾。

台湾早年卖臭豆腐的，以退伍老兵居多，方式有肩挑的，也有推车的。只是后来他们所卖的，不是传统撒盐浸料、耗时费工的毛豆腐，而是用阿摩尼亚发酵出来的速成品，食来亦臭，但乏鲜香，以泡菜佐食，倒是其特色。此外，江浙餐馆所售的蒸臭豆腐，则多半外敬，亦有别趣。

而目前最流行的，反而是由蒸改为锅烧，再加麻辣的锅烧臭豆腐，吃罢满头大汗，虽觉十分过瘾，却无蕴藉回味，难登大雅之堂。

清香尋自味
之餘玉金
官廚提不如今日間
居兩十畝閉門常讀
花農書傳一緯讀

最欣赏臭豆腐干的人，应是手批"六才子书"的金圣叹。他在临刑前,. 交给狱卒一个扎紧的油纸包，内有一张纸条，其上写着"臭豆腐干与花生米同食,有火腿滋味"，算是一己心得。此一特殊的吃法，现仍流行于江南，堪称别出心裁。

驴马打滚真可口

雪球愈滚愈大，钱财愈滚愈多，至于米面点嘛，倒是愈滚愈可口。著名的点心"驴打滚"和"马打滚"，即是如此。

源自塞外的"驴打滚"，盛行于中国东北地区，以辽宁省最善制作。其正名叫"豆面卷"，北京另称它为"豆面糕"，乃春秋两季的应时点心。其做法是先把黄米浸泡淘净，放簸箕中，滤干水分，经磨粉炒熟后，用碾子轧成面团，入笼蒸熟。再把熟面团掺粉擀成薄片，然后自一端卷起，边卷边撒豆粉，由于它的最后一道工序像毛驴在沙地里打滚，因而得名。

驴打滚色呈金黄，味道香甜不腻，口感则软黏带爽，实为敬客及自奉的佳品。而在品尝之时，如能搭配鸡汤、苜蓿汤或㸆羊肉汤，滋味更美，令人百吃不厌。如果将其制成甜点，亦觉清新干爽适口，以此佐佳茗或酸梅汤，清洌顺口，深有回味，诚妙不可言。

清代《燕都小食品杂咏》上记载着:"红糖水馅巧安排,黄面成团豆里埋。何事群呼'驴打滚'?称名未免近诙谐。"(原注:黄米黏面,蒸熟;裹以红糖水馅,滚于炒豆面中,成球形,置盘售之,取名"驴打滚",真不可思议之称也。)可见作者对这种听起来不雅却蛮风趣的外号,啧啧称奇。

"马打滚"则来自闽南,是福建省长汀地区名闻遐迩的小吃。它原名"麦打滚",做法似与"驴打滚"雷同,但材料完全不一样。其做法为先将大麦或荞麦用小火炒熟后,磨成粉当主料,再把黄豆炒熟磨粉,与研细的糖末搅和,接着取熟麦粉调入清茶或开水拌匀,制成荔枝大小的圆粉团,置入有豆粉和糖粉的大盘中,反复滚动,使裹上一层豆、糖粉即可供食,别饶风味。

"马打滚"应是"麦打滚"的谐音,但当地人的说法却不是这样。坚称在民国初年时,基督教英国籍的女传教士詹嘉德,曾在某教友家,尝到此一美点,称赞不已,并以长汀土话说了一串顺口溜,其词云:"马打滚,马打滚,愈滚愈甜,愈甜愈滚,一口一个,边吃边滚。"一时传为美谈。姑不论其真相为何,目前长汀乡间凡种大麦或荞麦的人家,每在收成后,家家都会制作这道点心,除自家爱用,也会馈赠亲友,很受大家欢迎。

长汀本是个美食天堂,名食美点佳酿为数可观。名食有"白露鸡""绉纱肉""太平蛋",美点另有"仙人冻",佳酿则是"压房酒"及"阳乌酒"。唯这两款美酒,皆是冬酿春饮,压房酒

"尤为珍重，藏之经时，待嘉宾而后发也"。只是此等土酿，渐不为世所知，我曾有幸品尝，于压房酒之甘甜爽冽，印象极为深刻，确可列压轴之珍，为免其湮没不彰，特在此附上一笔。

且再说说驴打滚这一传统美点。约莫二十年前，它可是台北"京兆尹餐厅"的广告牌名点，很多人慕名点享，食罢赞不绝口，甚至引发奇想，盼望吃完之后，好运愈滚愈旺，一发不可收。

川人最嗜回锅肉

　　回锅肉是一道既可登席荐餐亦可家常享用的四川菜，丰俭由人，颇富变化，现在不仅是每家川菜餐馆必备的一道热炒菜，同时也是川菜菜谱必载的"正统"菜色。爱此味者大有人在，我虽非四川人，但嗜此味如命，可惜目前在台湾，能烧得像样的早已屈指可数，令人不胜唏嘘。

　　此菜起源于民间祭祀，将凡是敬鬼神、供奉祖宗的肉品，在敬献完以后，拿来回锅食用，因而也称"会锅肉"，乃充打牙祭的佳肴，几乎家家户户都能制作。一般人家的做法，是把猪臀肉先白煮至断生，然后再爆炒，其味道好坏的关键，首在精细二字，必须炒到片片似灯碗，闪着红亮油光（俗称灯盏窝），才称得上是上品。久居异地的四川人，每当回到家乡，山珍海味可免，回锅肉则不能不吃。

　　先煮后炒的回锅肉，成都人在制作时要放豆豉，重庆人通常不放。此外，另有一种先蒸后炒的"旱蒸回锅肉"，以其香气浓郁，更受人们欢迎。

此法源自清末。当时成都有位凌姓翰林，因仕途不得意而退隐，闲居在家，甚感无聊，乃潜心研究烹饪，将原本先煮或先烤后再炒的回锅肉，改成先把肥瘦相连的带皮猪腿肉整治去腥后，用隔水之法，蒸至皮软肉熟后，再经炒制而成。此法可减少肉中可溶性蛋白质的流失，更能保持原汁，使其色润味香。这法子果然高明，很多人跟着仿效。从此之后，旱蒸回锅肉名噪锦城，在蜀地流传开来，又称之为"熬（熔蒸、爆、煸、炒四法于一炉）锅肉"。

在炒制此菜的过程中，必须使用旺火。待油烧至一百二十摄氏度后，先下整治过的肉片略炒，再加适量精盐续炒，见肉片四周微卷，状呈浅口灯盏状时，即用剁碎的四川郫县豆瓣酱（注：改以台湾冈山辣豆瓣酱亦可）炒至上色，接着投入适量的甜面酱、酱油、豆豉和蒜苗段等，俟炒出香味即成。其特点为颜色红绿相间，味道醇厚香浓，入口微辣回甜，肉片厚薄均匀，而且软硬适度，味美诱人馋涎。

此菜目前有另加红椒、蕨菜、蒜薹、干豇豆等烧法，肉片甚至径用腊肉为佳，配料纵有不同，手法亦多变化，姑不论如何，它确是一道下饭的好菜，且是佐酒佳肴，让人胃口大开之余，频频添酒加饭，爽得不亦乐乎。

　　　　　　　　　　　　　　　　味外之味

金钩挂玉牌妙极

我爱吃豆腐，即使是早餐店或自助餐店一大锅卤汁久滚的板豆腐，也会吃得津津有味。记得川菜中有一味白水煮豆腐，名曰"崩山豆腐"。有人取其在沸水中翻滚之状，另取名为"白牛滚澡"。它最特别之处，在于用包括辣椒、红油等十多样调味料配制而成的汁点豆腐，诸君莫小看这丁点儿的调汁，让它这么一提味，马上丰富多彩，顾盼生姿，端的是心有灵犀一点通。

比较起来，贵州省的家常名菜"金钩挂玉牌"，就更引人入胜啦！它只是用切片的白豆腐或水豆腐（即豆花）煮黄豆芽而已。制作简易，先放豆芽，再放豆腐，纯用清水煮，除用些盐保持豆腐的细嫩外，不下任何配料。此在炎热的三伏天吃来，更显其清芳馨逸的风味。而菜名中的金钩，乃指黄豆芽；至于所谓的玉牌，自然就是切片的嫩豆腐了。

这道菜平凡至极，名字倒十分好听。原来在三百多年前，贵州才子潘福哥省试高中，主考官在接见时，照例要询问其家庭状况。才思敏捷的他，出口成章，当即回答："父，肩挑金钩玉牌沿街走；母，在家两袖清风，挽转乾坤献琼浆。"从此之后，人们便将这市井小食美称为"金钩挂玉牌"了。

欲使这极为清淡的家常菜变成浓烈的滋味，看来只有在蘸料上下功夫。其蘸汁目前有荤、素两种口味，其中糍粑辣椒、酱油、葱花、蒜泥、姜末必不可少，荤的则是改良后的口味，在素料中，另添入爆过香的猪肉臊。若阁下想进一步挑逗味蕾，亦可将芝麻酱、甜面酱、西红柿酱、胡椒粉、麻油、香椿叶或芫荽等，酌量调入蘸汁内。一般的吃法为吃罢豆腐，再喝清汤。

糍粑辣椒亦称煳辣椒，乃贵州特有的烹饪调味品。其制法不难，先选妥肉厚而不太辣的干辣椒，在洗净、去蒂、浸泡后，把水滤干，与洗净去皮的生姜、蒜粒一起放在擂钵内捣烂，然后再用油以小火微炼，待其冷却后，即可装罐备用。其特色为油色红亮、辣而不猛、香味浓郁，妙处即在减辣增香。如果少了它调味，必使金钩挂玉牌大为失色，食来全不是那个味儿。

事实上，金钩挂玉牌亦有豪华版的。记得笔名仲父者，曾写过一篇名为《金钩挂玉牌》的文章，指出此菜为其寒舍中的一道"名菜"，所费不多。"像冷风滞留不去的冷天，买几斤黄豆芽来，弄他一锅汤，加上排骨豆腐，慢慢地煮，慢慢地熬，煮得豆腐起蜂窝，熬得豆芽出汁，热腾腾地端上桌。……于是，喝一口酒，再啃一块排骨，顺便用调羹舀一瓢汤喝下，呼出一口热气。在热气氤氲中，主客的面貌就同时迷糊了，仅闻轻嘲浅谑，时夹笑声。"很显然，他家的金钩挂玉牌，别有一番滋味在其中。

"金钩挂玉牌"之名，堂而皇之，不仅寒碜气尽失，而且富贵相毕露，只有"淡扫蛾眉朝至尊"，才足以和它匹对，进而展露出中国人生活艺术的一面。

第一流的女厨师

唐代宰相段文昌非常讲究饮馔之道，曾编撰《食经》五十卷，名重当世。至于相府的厨房，在家的称为"炼珍堂"，在外的行厨则名"行珍馆"，其滋味之腴美，堪称食林至尊。之所以能如此，得归功于府中有位名叫"膳祖"的不嫁老婢，她烧菜一级棒，主持这"炼珍堂"，前后凡四十年，经其亲手调教的厨娘，有近百之多，但学成之后，能独当一面的，充其量也不过九个。可见"高处不胜寒"，想凭厨艺出人头地，绝不是件简单的事。

及至北宋，首都汴京有不重生男重生女的风气。据廖莹中《江行杂录》上的说法，"京都中下之户，不重生男，每生女则爱护如捧璧擎珠。甫长成，则随其资质，教以艺业，用备士大夫采拾娱侍。名目不一，有所谓身边人、本事人、供过人、针线人、堂前人、杂剧人、拆洗人、琴童、棋童、厨娘等级"，就中又以"厨娘最为下色,然非极富贵家不可用"。由上可知,厨娘的地位虽不高,却只有极富贵的人家才用得起,且是其优裕生活中万不可或缺的要角。

这些厨娘的本事究竟如何?依洪巽《旸谷漫录》的记载,知其"调羹极可口"。他并举一例以资佐证。原来有位致仕还乡的太守,久慕京都厨娘的手艺,很想一尝为快,便托朋友物色。结果,送来一位新近从某王府辞厨的厨娘。太守欣喜若狂,命她操办小筵,宴请一些宾客。厨娘请太守点菜,老人家欣然接受,点了"羊头签""葱虀"等时令菜,准备大快朵颐,好生受用一番。

厨娘于是"谨奉旨教举笔砚教物料。内羊头签五份,各用羊头十个;葱虀五碟,合用葱五斤。他物称是"。小试一下身手,居然玩这么大,太守因头一次打交道,虽颇"疑其妄",但不便驳她,也不想让人觉得小气,于是暂且照其意思办理,但暗地观察她是如何用法。

第二天,"厨师告物料齐"。厨娘乃"发行盒,取锅、铫、盂、勺、汤盘之属,令小婢先捧以行,璀璨耀目,皆白金所为,大约计该五七十两。至如刀砧杂器,亦一一精致"。甚令"傍观啧啧",光照这阵仗,倒真有够炫。

好戏接着登场,厨娘"更围袄围裙,银索攀膊,掉臂而入,据坐胡床。徐起,切抹批斫,惯熟条理,真有运斤成风之势。其治羊头也,漉置几上,剔留脸肉,余悉掷之地……其治葱虀也,取葱微彻过汤沸，悉去须叶，视碟之大小分寸而裁截之，又除其外数重，取条心之似韭黄者，以淡酒、醯（音希，即醋）浸渍，余弃置了不惜"。由于本领高强，而且工细料精，难怪"凡所供备，馨香脆美，济楚细腻，难以尽其形容"，大家吃得一干二净，无不拍手叫好。

这顿家常菜，当然比电影《芭比的盛宴》场子还大，功夫更细，花费尤其可观。太守自忖财力有限，无福经常受用，乃私下喟叹："吾辈事力单薄，此等筵席不宜常举，此等厨娘不宜常用！"过没多久，就找个理由，解聘这位来自京城的超级厨娘，故事也因而谢幕了。

可惜的是，这位厨娘不曾留下芳名，但她的本事、行头、架势及手段，全都高人一等。要是生在今日，只要包装一下，必成媒体宠儿，保证比那位数年前从法国来台献艺、号称米其林"六星级"（一共开两家，皆获评比为三颗星）的大厨更抢眼哩！

墨水入肚耐寻味

满肚子油水或墨水，给人的评价硬是不同。油水丰足的人，常与肥胖画上等号，绝不是个好词儿。反之，墨水多的人，则是"有东西"的尊称，代表书读得多。其间相去，不啻万里。只是墨水真的能吃入肚子里吗？着实让人好奇。

在中国的历史上，喝墨水有自愿的，也有被罚而不得已的。如果是后者的话，通常只有自认倒霉。假如真的是自动自发，那就得视情况而定了。

无论在南朝梁选举进士或北朝齐课试举人时，凡是没考取或字写得不堪入目的，都会被罚喝墨水。故唐人杜佑撰的《通典》上，便指出：北齐在甄试之时，罚"书有滥劣者，饮墨水一升"之事。到了隋朝时，处罚的范围，竟包括了会计人员。《隋书·礼仪志》即有"正会日，侍中黄门宣诏劳诸郡上计；劳讫，付纸，遣陈土宜。字有脱误者，呼起席后立。书迹滥劣者，饮墨水一升"的记载。这种整人手法,直教人匪夷所思。

不过,身为"初唐四杰"之首的王勃,以下笔不假思索著称。宋吴氏的《林下偶谈》称其"属文初不精思,先磨墨数升,酣饮,引被覆面卧"。意即他老兄在痛快地喝完墨水后,一觉而起,不假思索,下笔神速,一挥而就,时人谓之"腹稿"。这也就是肚子里墨水多代表学问好的典故由来。

据了解,古时的墨,是"以松烟用梣皮汁解胶和造,或加香药等物造",不仅多食"无毒"(李时珍语),而且可以入药,能治十六种病。香墨尤为此中的上品,其制法依宋人李孝美的《墨谱》所记,居然要用甘松香、藿香、零陵香、白檀香、丁香、龙脑香及麝香等香料。由此观之,墨水的味道,想来应不错才是。

在清人的饮馔笔记中,有两道以香墨入馔的佳肴:一是朱彝尊所撰的《食宪鸿秘》里,有"素鳖"一味,利用墨水调和面粉,以代鳖裙,看来还可接受;另一则是童岳荐《调鼎集》中的"黑汁肉",就骇人听闻多了,其做法为"香墨磨汁,加酱油、酒煨肉",据说吃起来"别有一种滋味"。我想这黑漆漆的一方肉端上桌来,甭说吃了,光看就令人倒尽胃口。所以,如何以盘饰衬托,让人觉得赏心悦目,应是其菜好吃与否的关键所在。

中国最好的香墨,出自安徽徽州。倘用它充作烹饪的调味料，味道是否会更胜一筹？这我可不敢保证。但您如有兴趣做些复古菜，不妨就从黑汁肉小试身手。说不定在玩出心得后，"一举成名天下知"哩！

佛门珍味青精饭

西方人在平安夜时，常食火鸡大餐以庆祝圣诞节。中国人则在佛诞日当天，用青精饭供佛再食之。两者基本上所反映出的饮食文化，的确大不相同。

青精饭到底为啥，竟能蒙我佛青睐？说来还有一段故事。原来早期的道教，最注重清心寡欲，故表现在饮食上，力主少荤腥、多食"气"。青精饭便是他们在此理念下所发明的一种保健食品，供其在山中修炼时食用。据说它不仅味甚美，而且很管用。

此饭在制作上，用南烛木(一名乌饭树)叶捣烂取汁以浸米，蒸熟再晒干，颜色碧绿，可耐久贮。自其法传入市井后，又加了许多药料，成为滋补性极强的食疗绝品，久服令人容光焕发并延年益寿。诗圣杜甫曾在《赠李白》一诗中云："岂无青精饭，使我颜色好。"由于它大量制作一次，便可吃上很久(注：费工耗时，故无人小规模制作），成本因而不菲，穷如杜甫的人，当然无法常享。

青精饭后来被更多的隐士及居士所乐用，成为"清供"（指隐士逸人的清雅淡饭）类食品。南宋林洪的饮食名著《山家清供》中第一款记载的便是青精饭，由此亦可见它在当时受欢迎的程度。时至今日，江南的宜兴、溧阳、金坛和皖南一带的农村，仍将它当成是应节的食品。像清人顾禄的《清嘉录》即云："四月八日（指农历，当天为佛诞节），市肆煮青精饭为糕式，居人买以供佛，名曰'阿弥饭'，亦名'乌米糕'。"

关于青精饭的制法，古今不尽相同。按明代的制法，先把米蒸熟、晒干，再浸以乌饭树叶之汁，总共蒸、晒九次，此即所谓的"九蒸九曝"，其成品颜色碧绿，米粒坚硬，可久贮远携，用沸水泡食。而现今的做法，则是以当天做、当天吃为原则，手续也简单得多。其法为初夏采摘乌饭树之嫩叶洗净，舂烂加少许水，再行搅滤出汁。接着将糯米或粳米倒入汁中浸泡，待米呈墨绿色后，捞出略晾，随后把青汁入锅煮沸，投米下锅煮饭。熟后饭色青绿，气味清香，油润光滑，甘甜可口。

正因为乌饭树之叶，其性"甘、平、无毒"，具有除湿、止泻、变白、祛老、强筋益气力、久服轻身延年、令人不饥的功用，故取它制作而成的青精饭，自来便被奉为养颜圣品。其能风行大江南北，广受各界欢迎，可谓符合时尚，跟得上时代潮流。且可以保证的是，只要人类存在，绝不会褪流行。

炸响铃儿真可口

相传抗金名将韩世忠自解甲归田后，便隐居于杭州飞来峰下，自称"清凉居士"，常骑着挂着响铃的毛驴，浪迹西湖的山水之间。一日，他骑着毛驴至一酒店要吃炸豆腐衣（皮子），不巧店里没货，无法制作此菜。韩一向有股倔劲儿，不达目的决不罢休。于是骑驴至泗乡，买回了豆腐板子。厨师大受感动，炸得格外香。此菜因而成名，号称"干炸响铃"。

这道浙江杭州传统名菜，选用当地特产的泗乡豆腐衣（又称东坞山豆腐衣），卷猪里脊肉馅干炸而食。其特点是色泽黄亮，形如马（驴）铃，香甜爽脆，是道下酒的好菜。如在里脊肉馅中加鸡蛋和虾仁等，以豆腐衣包起，抓成小铜铃状干炸，则是名菜抓铃儿。又，食素者改用笋末、香菇末及马铃薯为馅料，则成素炸响铃，食来别有风味。

此菜传到北方后，不用里脊肉，改用烧方（北京人称炉肉）

又酥又脆的皮，以豆腐皮卷成筒状，再切成一段段（既不宜包太紧，紧则炸不透，亦不宜包太松，松则易散开），入油锅炸至色呈金黄即成。而在临食之际，再以甜面酱、葱白段、花椒盐等蘸食。由于色泽金黄明亮，入口咸酥爽脆，咬时吱吱作响，大受食客欢迎，成为佐酒佳肴。

清代的道光皇帝，原就以节俭著称，虽然君临天下，但是小气得很，绝不随便花钱。他唯一的嗜好，就是在隆冬下大雪之时，点这道菜下酒暖身。有一天，道光无意中翻阅膳食档，上面载明仅此一道菜，即需纹银一百二十两。大惊之下，急忙传首领太监问话，回奏光是炸这一盘，就要先烧烤好几只大猪，所以才这么贵。道光生于大内，长于皇宫，根本不晓得外头的行情，一下子就被唬住了，竟咋舌不已。从此之后，再也不肯点食。此事传出宫外，一些大的餐馆，竟以此菜广为招徕，居然轰动京师，臣民无分贵贱，无不一尝为快。日后，由于烧方之皮甚为难得，再改回用里脊肉，价钱自然也便宜得多。炸响铃经过此一辗转周折，名号更响，加上食法多变，令人啧啧称奇。

有趣的是，台湾当下的江浙馆子多不见此菜，反而盛行于湘菜馆，形状变成三角形，蘸着椒盐或西红柿酱吃，名字改叫"香脆响铃"，似乎别出心裁，感觉不很正宗地道。

我曾在妙手厨娘王宣一的家中，两尝滋味极佳的炸响铃，或依古法卷成筒状，或以小三角形呈现，造型各异，内馅鲜美，食之爽脆，馨香四溢，取此下酒，妙不可言。

老鼠曾经是御膳

在清代时，凡入翰林院者，都喜欢人称"老先生"。有一年，浙江来了个姓乌的巡抚，某翰林前去拜会。巡抚听说他是从翰林院来的，即出上联"鼠无大小皆称老"以讽之。那翰林也不客气，顺口吟出"龟有雌雄总姓乌"反击，遂续成此一对仗工整、颇具巧思的对联，流传至今。

吃老鼠对某些人而言，实在骇人听闻。但鼠肉的风味极佳，属上品的黄鼠肉，不仅早年一鼠难求，而且还是辽、金、元、明四朝的御膳，如非贵为皇族，等闲不易吃到。

今天的北京，曾经是契丹人所建政权"辽"的"南京"。辽自称"北朝"，将北宋称之为"南朝"。自双方签订"澶渊之盟"，结为兄弟之邦后，两朝使臣往来不绝。就在此时，北宋使臣刁约奉命出使契丹，曾戏作四句诗，写道："押燕（宴）移离毕，看房贺跋支。饯行三匹裂，密赐十貔狸。"由于诗中有几个是

　　　　　　　　　　　　　味外之味

契丹族的语音，试行解释如下——

"移离毕"是契丹官名，其地位等于北宋的宰相。"贺跋支"则相当于北宋的"执衣防阁使"。"匹裂"是一种木坛，"以色绫木为之，如黄漆"，此物出自皇家，规格自然极高。至于匹裂内所装的"貔狸"，乃学名"达瑚尔黄鼠"的众多别名之一，可见辽的宫廷内，以黄鼠肉为珍馐。

金袭辽制，大内亦爱食黄鼠肉。到了元朝，因其味极美，充作"玉食之献，置官守其处，人不得擅取"。此外，据明太监刘若愚在《酌中志·饮食好尚纪略》中的叙述，明宫廷在正月时，"所尚珍味，则有冬笋、银鱼……塞外黄鼠"等等。由此观之，体大的黄鼠，肉肥壮鲜美，较乳猪而脆，深受帝后们喜爱，一直是御膳美食。

据文献记载，这四个朝代的御厨，在料理黄鼠肉时，多加配料蒸制，借以保留本味，并收其可润肺生津之效。及至清代，著名的文学家兼美食家朱彝尊在游山西大同时，曾在宴会上吃到黄鼠肉，乃作《催雪》词以志其事，词中有句云："刲肝验胆，油蒸糁附，寸膏凝结。镂切，俊味别。……更何用晶盐？玉盘陈设……"看来，当时那位厨子所烧的鼠肉，除油煎外，另用粉蒸法制作，一鼠两吃，不亦快哉！

我喜食田鼠肉，迄今尚无缘一尝黄鼠肉，每引为憾事，企盼这年的鼠年，可以大快朵颐，且了夙愿。

二

辑

味蕴郁香卤鳝面

已故的教育家吴敬恒（稚晖），集诙谐幽默与嘲骂于一身，堪称当今"麻辣"的先驱及典型。不过，这位在1963年联合国教科文组织第十三届大会上被誉为"世纪伟人"的教育家，虽好骂人，但也有被人骂的雅量，绝不是个"苍髯老贼，皓首匹夫"，而是可与幽默大师林语堂等量齐观的一代"汉字"宗师。

吴老生平最脍炙人口的杰作是一首打油诗。话说某位留学欧洲的年轻画家举办个展，因仰慕吴敬恒，便请他去观展。当吴敬恒走到这位画家题名《风景》的得意画作前，驻足良久，左观右览，就是看不懂"妙"在何处，于是即兴题了一首打油诗，云："远观是朵花，近看似乌鸦。原来是风景，哎呀我的妈！"传神有趣，笑翻全场。

籍贯为江苏武进的吴敬恒，却操一口无锡话，至老未改，许多人误以为他是无锡人，吴敬恒只是淡淡地说："说我武进人可，无锡人可，总之，是中国人也。"姑不论他如何解说，但他老人家最爱吃的，则是无锡的卤鳝面。

据说吴敬恒寓居北平时，有一天，馋虫发作，想起了念念不忘的卤鳝面，唯苦无地方觅食。有位无锡的"乡亲"得知后，告诉当时在一所中学任职的王训导员。王先生原在无锡大吊桥街专卖鸡汤馄饨，是"过来福"的小老板，当然会做卤鳝面。他听到"老乡长"想吃，特地做了两碗送去，料足工细，味极腴美。吴敬恒大乐，除写了一幅篆体字相赠外，还连说了几个荤素兼备的笑话，宾主尽欢，一时传为佳话。

据已故美食家唐鲁孙的回忆，无锡名馆"聚丰园"精心制作的卤鳝面，是"把鳝鱼划成宽条，在盐、酒、酱油里浸泡三小时，然后滤干，入滚油快炸，微见焦黄，浇入加糖酱汁，让汁悉数被鳝鱼吸收，然后放汤大煮下面，现炸现吃"。其好吃的诀窍，全在放汤量的多少，"汤少卤面成糊，汤多鱼鲜不足"，这完全凭手艺，丝毫取巧不得。"聚丰园"的卤鳝面之所以能独步无锡，即在"中汤料足"，馨香复美，香溢四座。

我曾分别在台北的"上海极品轩餐厅"及"水福楼"尝过卤鳝，汁透鲜香，味颇不俗。可惜这两次都是佳肴满案，并未下面而食，现在回想起来，仍是憾事一桩。

除暴安良的美味

贪官污吏，全民共厌，恨不得将这些人渣尽去之而后快。这种情形，今古皆然。由于唐代及明代的两位厨师，见状萌意，心有所感，因而各自发明了一道风味佳肴，至今仍在中国的西北各地广为流行，可谓无独有偶。

话说在中唐时，担任殿中御史的王旭和官拜监察御史的李嵩、李全交三人，朋比为奸，相互勾结。他们虽然职司风宪，却贪赃枉法，作恶多端，引起京城百姓的愤恨。百姓给这三人各取了个诨号，分别叫王旭为"黑豹"、李嵩为"赤鼐豹"、李全交为"白额豹"，聊泄心中怒气。长安名厨吕某，素不齿"三豹"的胡作非为，乃创制一款新菜，把乌鸡皮、海蜇皮和猪皮切丝合为一盘，黑、红、白三色交织，丝丝相扣，鲜艳夺目，正好影射此三"害"绰号的颜色。

一日，两文士前来用餐，看到这个冷菜，觉得新鲜，用来佐酒更妙，便询问此菜何名。吕告以"剥豹皮"。二人随即会意，四下猛打广告。人们出于好奇，纷纷前来品尝，吕某的饭馆天天门庭若市。吕某后来被人举发，并惨遭迫害。但此菜已哄传京畿，沸沸扬扬，人人尽知。该饭馆为了纪念他，遂在"三豹"伏法后，将"剥豹皮"易名为"三皮丝"，成为西陲佳肴。不过，而今这道菜中的乌鸡皮已改为带皮鸡肉，猪皮也换成了酱肘花，其味韧中带脆，以清爽利口著称，浇淋酱汁而食，尤觉痛快淋漓，堪称是一道带有历史色彩且又余味不尽的开胃冷盘菜，允为消暑隽品。

等到明孝宗弘治年间，又出现一道可与三皮丝后先辉映的除奸好菜，那就是秦馔中大有来头的带把肘子。

相传当时同州府（今大荔县）有个善于烹调的大厨，名唤李玉山，为人正直，不畏权贵。知府居官贪鄙，玉山至为不屑，即使是他五十大寿，亦拒绝操办其寿宴。没隔多久，陕西巡抚郑时至同州视察，知府为讨好上司，差人请玉山露一手绝活。玉山正待回绝，其友人尉能说服他前往，并给他出主意，玉山遂前赴府衙烧菜。席间，巡抚尝到一味，上面连皮带肉，下衬大小骨头。郑时不明所以，便问这是何菜。知府便传玉山。他来到桌前，从容答道："大人有所不知，我们这位知府老爷不但喜欢吃肉，连骨头也吃的。"郑时本是清官，听出话中有话，隐指敲骨吸髓，不待知府呵斥，赏些银两命退。次日，巡抚乔装私访，查明知府劣迹，乃申奏朝廷严惩，除去地方一大害。郑时临行前，再召见玉山，仍问其菜名。玉山稍一回想，便答："带把肘子。"从此以后，此菜世代相传，成为陕西独具特色的地方风味名馔。

带把肘子制作考究，用的是带蹄前猪肘，经刀工处理后，搭配多种调料蒸炖而成，以脚爪状似把柄，因而得名。其妙在肘肉酥烂、皮爽不腻、香醇味美，现为当地逢年过节时宴请亲朋好友必备的佳肴。逢春而食此菜，肯定大快人心，期盼世事如棋，局局焕然一新。

天下第一羹小史

老牌影星葛香亭曾在台北的西门町开了一家名为"徐州啥锅"的小馆子，店小人气旺，座中客常满。我去过好几次，啜着啥锅，搭配荷叶薄饼卷馓子吃，一滑一爽，倒也自得其乐。

自"徐州啥锅"歇业后，我另在高雄的"孙家小馆"吃了几次徐州啥锅，其滋味虽只是一般，但就着大饼卷牛肉等而食，亦足以暖胃温肠，轻松打发一顿。

事实上，啥与饸同音，而饸是个在字典里好像找不到的字。原来饸汤的本尊是雉羹。相传唐尧在位时，患病久治不愈，篯（音尖）铿不辞辛苦，打了几只野雉，煮羹进奉帝尧。尧饮罢，病体康复，精神焕发。乃以功行赏，封他于大彭氏国（即彭城，今徐州），篯铿则随封地改名彭铿（即彭祖）。据说他所烹制的雉羹，除野鸡外，还用稷米，煮好后调以盐梅。由于它是中国文字记载最早的调味羹，故号称"天下第一羹"。

乾隆有次下江南时，路过徐州，微服出巡。当他来到城隍庙前，闻到扑鼻香气，循香寻去，原来是早市卖羹汤的摊子。他便问："这是啥汤？"老板忙得不可开交，没说这是雉羹，只漫不经心地附和道："对，对，煮的是啥汤。"乾隆喝了一碗，风味确实独特，胜过御膳珍馐。他回到行宫，便引经据典，翻查啥汤来历，当他得知"啥汤"就是篯铿进奉帝尧的雉羹时，龙心大悦，不觉脱口说出："一奓乌鸡，鸡羹传世。"随行的大才子纪晓岚在旁凑趣道："戈（音尖）金竹篯，篯铿调鼎。"正因对仗工稳，刚好是个对子，因而流传下来。

乾隆赞誉雉羹的消息不胫而走。当地百姓听说皇帝叫它"啥汤"，好奇之余，还以为是御赐之名。从此之后，啥汤就这么叫开了。然而，"啥"字该怎么写，字典却查不出来，只好暂时用近音的古字"糁"字代替。

自乾隆皇开金口后，糁汤生意更加兴隆，野鸡没了，改用家鸡；稷米不够了，便用薏米或麦仁取代，滋味依然甚佳。等到光绪年间，徐州西门吊桥附近汪玉林经营的"玉记糁锅"，因味道纯正，名扬遐迩。当时的书家苗聚五在品尝后，兴致勃发，随即挥毫写下"古彭祖雉羹传世，今汪家糁汤飘香"这副有名的对联。

20世纪中叶，大巷口"水安饭庄"的李龙海师傅为了提升其滋味，便增加食材，重新配方，制作出新款糁汤。食材除

味外之味

老母鸡、猪大骨、猪蹄髈和麦仁外，另辅以丁香、桂皮、豆蔻、白芷、胡椒等佐料，香浓醇郁，味道鲜美，备受欢迎。

目前徐州一般的饣它汤，其烹饪之法为：将各式羹料置大锅中炖一夜，使肉、麦极烂，皆化于汤中。味以酸辣为主。店家则用大锅置于炉上贩卖。冬日清晨，天寒地冻，此际喝一碗饣它汤，热气腾腾，汤浓如饴，真是莫大享受。

基本上，"糁"字与汤，实音近而义不符。于是有人主张另造一"饣它"字替代，没想到一呼而群起响应，遂正名沿用至今。想不到从雉羹到饣它汤，历经四千多年，居然分身林立。截至目前，可谓定于一尊，始终屹立不摇，堪称食林传奇。

阜宁大糕白如雪

《飞雪》是首很有意思的诗。相传乾隆下江南时，途中遇雪景，随口数雪片，于是"一片一片又一片，两片三片四五片，六片七片八九片"地吟哦起来，数到八九片后，再也无法为继。就在这个时候，随从在侧的大才子纪晓岚，见景起意，连忙续上"飞入芦花都不见"一句终结，大为乾隆所激赏，遂得以流传至今。

此诗用简单的数字组成句子，强有力地表达出目不暇接、连续且急促的景观，结句更是顺水推舟，点明主题，其妙在不言雪却是雪，引人不尽遐思，确是一首好诗。

然而，此诗另有版本，倒是与吃有关。话说清朝年间，江苏阜宁一带，大糕作坊林立，盐商富贾云集，市面繁华热闹，惹得下江南的乾隆忍不住驻跸盘桓。某天，大雪纷飞，乾隆在汪姓盐商的花园温厅里赏雪，不禁诗兴大发，乃随口吟着："一

味外之味

片一片又一片，三片四片五六片，七片八片九十片……"吟到这儿，他望着窗外飞舞的鹅毛大雪，再也续不下去。值此尴尬之际，汪盐商忙捧着一只细花玛瑙盘子，托着名产大糕，前来跪献皇上，并奏道："此乃草民家传糕点，前蒙皇上赏识，叩请恩赐佳名。"乾隆把玩着糕点，见其色白如玉，卷得起，放得开，拈起送口，滋润绵软……虽已转移焦点，仍在苦思冥想。无意中触及龙袍玉带，遂灵机一动，赐名为"玉带糕"。阜宁大糕从此名扬五湖四海。

制作阜宁大糕，其原料除精选白糖、油脂及蜜饯外，尤重色泽洁白、外观齐整、质量纯一的糯米。生产之时，则分选淘、炒、筛、碾米、润粉、熬糖、成型及回、焐、切糕等程序。工序着实繁杂，必须严谨面对，操作时间长短、手艺娴熟与否，往往影响质量。比方说，其在炒米时，得不温不火，不生不煳，且个个开花；而在成型中，搅糖须"打三捶"，过筛得"擦三次"，装模还要"打三刀"，不可省减其一。不然的话，势必无法做出那白如雪、甜如蜜、薄如纸、软如绵、舒卷自如、入口即化的阜宁大糕了。

记得十几年前，乡亲自远方来，赠送我两盒大糕。其时春寒料峭，偷浮生半日之闲，沏上一壶热茶，手捧小说一册，边读边吃，边吃边看，不旋踵而一盒尽，舌本留香，欲罢不能。而今回想起来，仍觉其味津津，好想再如法炮制一番，解解馋瘾。

点心圣手萧美人

　　清乾隆在位时，扬州空前繁荣，饮食大放异彩，可谓盛极一时。著名的诗家袁枚，对饮食之道极有研究，经其品题，声价十倍。在其巨著《随园食单》内，便有一则《萧美人点心》，写着："仪真南门外，萧美人擅制点心，凡馒头、糕、饺之类，小巧可爱，洁白如雪。"

　　话说乾隆有次南巡，袁枚曾去迎驾，将萧美人的点心献食御前，受到皇上青睐。这位声名赫奕的萧美人，经考证，生于乾隆七年（1742），比袁枚小二十七岁，比曹雪芹则小二十八岁。曹所撰的《红楼梦》中，出现不少淮扬名点，或恐受她影响。时至今日，扬州筵席单尾例写"萧美人点心"，纯属虚应故事，早非旧时味了。

　　不过，这位点心大师的生平，见之于文字者并不多，只知她为江苏仪真（又名仪征）人，当地为扬州府治下的一个县，县城位于长江北岸，从镇江到南京的船舶，皆在此停靠。萧美人在此开店，只要滋味够好，自然容易名播四方。其顾客大部分为过往客商。因此，住在南京的袁枚，一旦想吃其点心，也得托人去仪真购买，再用船载回来。

乾隆五十七年重阳节时，袁枚又托人赴仪真购买三千块点心（内分八种花色），并将其中三分之一奉赠官居江苏巡抚的奇丰额（字丽川）。其时萧美人已五十岁，生意做得红火。毕竟能随时供应三千只精致的点心，绝非易事。然而，这趟运送途中，正巧遇到大风，整整受阻三天，才抵达目的地。但此批点心的风味仍佳，奇丰额食而甘之，赠诗答谢兼询来历。

袁枚以诗回复，云："说饼佳人旧姓萧，呼奴往购渡江皋。风回似采三山药，芹献刚题九日糕。洗手已闻房老退，传笺忽被贵人褒。转愁此后真州过，宋嫂鱼羹价益高。"在此诗中，袁枚将萧美人比作宋代名厨宋嫂，生恐她的点心被抢贵，同时暗示她出自风尘，徐娘半老时，才洗手不干，故沿用旧名，称之为美人。

而与袁枚同时期的文人雅士，不少人撰诗赞扬萧美人，或赞她貌美如花，"面如夹岸芙蓉，目似澄澈秋水"；或称她"麻姑指爪"，具有神仙般的手艺。总之，非比寻常。

如吴煊诗云："妙手纤纤和粉匀，搓酥糁拌擅奇珍。自从香到江南日，市上名传萧美人。"另，与袁枚齐名的赵翼，则赋诗云："出自婵娟乞巧楼，遂将食品擅千秋。苏东坡肉眉公饼，他是男儿此女流。"

赵诗中的苏东坡肉，即现仍流行的东坡肉，享誉近千年。眉公乃明末大名士陈继儒的别号，所制作之饼，亦具有高知名度。赵翼称她的手艺之棒，可媲美这两大名士，当非过誉。此外，他亦力赞萧氏美貌，年轻时不可方物，人见人爱，待红颜褪去，名号则更响，绝活"其贵比金"。

现仍供应"正港"萧美人点心的所在，乃扬州名店"富春茶社"，其制作的点心，号称得萧美人真传，"雪糕片片式翻新"，曾有绝品之誉。然而是否传神，只能自由心证，全靠想象罢了。

味外之味

麻萨末一页传奇

闽南语中的"麻杀目"或"麻虱目仔",是一种海产硬骨鱼类。它在鱼类的分类上,属于虱目鱼亚目虱目鱼科虱目鱼属。由于虱目鱼仅一属一种,确为分类学上所罕见。

据《台湾通史·虞衡志》的记载:"台南沿海素以畜鱼为业,其鱼为麻萨末,番语也。或曰,延平(指郑成功)入台之时,始见此鱼,故又名国姓鱼云。"可见"麻萨末"为原名,属于西拉雅语。又,此鱼煮汤时,汤的颜色白稠,看起来像牛奶,因而英文称之为 Milk Fish,直译为"奶鱼"。目前主要分布于台湾西南沿海(即云林、嘉义、台南、高雄、屏东)一带,年产量约占台湾养殖鱼类之半,其养殖技术之高,更居东南亚各地之冠。

虱目鱼的料理方式,多彩多姿,炖蒸卤炸,煎煮烤熏,制粥米粉,应有尽有。既是民间小吃,亦是盛宴佳肴,而在我所吃过的全餐中,则以位于台南县七股乡龙山村附近的"外国安"

最富特色，耐人寻味。

老板陈俊雄（绰号"外国安"）并非科班出身，但自投入虱目鱼料理的研究后，前后开发出数十种新颖做法，因而声名大噪，有口皆碑，奠定其虱目鱼料理之王的崇高地位。由于慕名而至的食客太多，早年遂推出十一道自配菜肴、索价二千元的虱目鱼全餐，以应付汹涌如潮的赏味者。只是这种吃法，风味尚可，但终究粗了些，如果懂得门道，宁可多花点钱，吃其精致菜色，以免枉走一遭。

其鱼排的做法，以蒜汁大火清蒸（下铺大蒜，整个蒸透，蒜绵软而肉嫩滑）、红烧（先行酱渍，味透鱼内）、软炸（裹地瓜粉炸透，爽腴非常）这三种最负盛名，各有千秋。而鱼片的做法，或以芹菜炒，或和面线煮汤，都有其特色。但较令人印象深刻的吃法，则是用鱼片和马铃薯丁、胡萝卜丁、鲜虾仁等蒸蛋，其味甘而鲜，但颇费功夫，如非先预订，想要送入口，得靠好运气。

陈氏最让我难忘的美味，乃虱目鱼生（即沙西米），其做法是在摘油、去皮之后，以冰镇之，然后用大菜刀窗切，尽去鱼剌，肉片极薄，放眼看去，其形状与色泽，酷似波卡洋芋片，入口软绵而糯，甘甜且鲜，滋味一等一，须臾即盘空。此法未有传人，终将成为广陵绝响。

显然欲食好滋味，不但动作得快，而且须先下筷为强。

波斯的馕最好吃

食友涂又明律师，是个性情中人，他于饮食方面，有其独到见地，记得在几年前，他曾告诉过我，馕的滋味最棒。他去新疆之时，前后吃了几次，一直念念不忘。

馕乃是一种用玉米或面粉经发酵后，再烤制成的饼类食品，以圆形为主，其特点为干香酥脆。此字源于波斯语，流行于阿拉伯半岛、土耳其和中亚、西亚各国。维吾尔族起先叫它为"艾买克"，直到伊斯兰教传入新疆后，才改称馕。另，据《唐书》记载，居住在新疆叶尼塞河流域的柯尔克孜人，早在唐代之前，就食用一种面食饼饵，也就是馕的一种。由于馕所含的水分少，能久贮不坏，便于携带，非常适宜在沙漠长途旅行时食用。再加上它遇水或火，一泡一烤就能吃，即使在无水无火的沙漠里，只要埋在沙中，过不了几分钟，马上酥软可口，真是其妙如神。依故老相传，当年唐僧过戈壁到西方取经，一路上所吃的就是馕。

馕因投料、制作、造型和烤制的方法不同，名称也相应而别，最著者有片馕、肉馕、疙瘩（窝窝）馕、托喀西馕、甜馕、油馕及芝麻馕等十余种。其中，托喀西馕甚至比茶杯口还小，制作时加鸡蛋、油、糖等，酥甜可口，越放越酥香，远行携带甚佳；最厚的是疙瘩馕，形似面包，但中有深沟，外皮脆而干，存放数日仍暄软，颇受欢迎。片馕极薄，周边较厚而中间薄，其在制作时，还扎过钉子，使其有小孔，厚处软而有筋骨，薄的地方则脆香。维吾尔族人常用此就着烤羊肉串，其味弥佳，令人爱煞。

至于涂律师深爱的肉馕，其面先发酵过，做法是把羊肉切碎，放上洋葱、盐和一些佐料，和入面中去烤。正因味道突出，嗜此者大有人在，号称一枝独秀。又有一种甜馕，是把冰糖溶化，涂在馕的表面，烤好之后，冰糖结晶，在阳光下晶莹夺目，分外好看，爱吃甜品的，一吃就上口，欲罢不能。

就在十年之前，我因机缘凑巧，远赴伊朗（即古波斯）旅游。先抵德黑兰市，次日一早，径奔里海，参观制作鱼子酱，此酱独步全球，价昂媲美黄金。第三日夜阑时分，才回到德黑兰，奔行千里，人困腹饥。用过馆子装潢华丽、口味也很地道的自助餐后，精神为之一振。随即漫行市区，发现一个小馆，食客如织，卖的则是水煮羊头和片馕。羊头肉虽油但嫩，馕或浸汤或独食，皆妙不可言，这是我食馕的初体验，印象至佳。

其后数日，几乎餐餐食馕，味道都还不错，唯最难忘的，则在葡萄酒原产地席拉子。当参观完一座将近千年的古清真寺后，导游带我们一行人转入附近小巷中，在巷尾幽静处，看见做馕作坊，由坑旋烤旋钉，正是绝佳片馕。此馕直径一尺，触手犹觉其烫，入口香脆绵软，好吃得不得了。就在这当儿，自然更能体会"味美不怕巷子深"这句俗话，绝非虚语。

梁才子巧制鸡粥

原名均默，及壮始易名的梁寒操，为粤南高要人氏。出身贫农家庭，因资质聪颖，在启蒙之时，便高出同侪。就读三水西南中学时，每试必列前茅，有"神童"之称，校长邓先生极器重，称许为非凡之辈。后受孙科赏识，担任"立法院秘书长"，且膺选"中央委员"，声誉更盛。另，他本人精究饮食之道，无论家居何处，总是高朋满座。

八年抗战时，这位梁才子受到当局倚重，出任军事委员会桂林行营政治部主任。当桂林行营的任务结束后，他一度寄居贵州省息烽县乡间的省府招待所，一方面修身养性，另一方面则是等待新的派令。

一日，招待所的朋友问他明早想吃什么，他回说家乡的鸡粥，然而招待所的厨子不会烧，他于是把材料及做法传授给厨子。第二天清晨，大家吃了这种南粤鸡粥，"都说非常好吃"，而且百吃不厌。一些陪同他的省府官员，在回到省城贵阳后，无不仿造他的法子来做鸡粥，"梁公粥"之名，遂不胫而走，在西南各地颇为知名。

梁氏重返重庆后，随即奉命出掌国民党中央文宣部。过了一段时间，他赴新疆公干。待在省城迪化的当儿，他为了能吃到满意的早饭，也将鸡粥的烧法，告诉招待所的厨子。共膳的省主席盛世才和驻守迪化的将军朱绍良等人，无不吃得津津有味，要求家厨学做。从此之后，"梁公粥"亦西出阳关，流行于西北地区。

梁寒操后出任"中华日报"及"中国广播公司"董事长，前后长达十余年之久。他在所撰写的《岭南饮食的欣赏》一文中，曾披露其鸡粥的做法，即"把整只鸡洗净后，放在大锅稀饭里，几小时后鸡烂了，把不可食的骨头取出，其余皮肉都拆丝，然后再放到锅里，即可舀出来吃。若再加上葱花、姜丝、芫荽、胡椒粉、油条、薄脆、虾仁等作配料，那就更好吃了"。

我爱吃香港"生记粥品专家"的鲜鸡粥，其鸡全用鸡腿上的条状精肉，略腌而滚，肉嫩而活。粥内除薄脆、葱花外，尚可加入生菜、皮蛋或鸡蛋，亦可与鱼腩、牛肉、猪润（肝）、鱼球等拼食，如再搭配着油器（即油条）而食，粥糜肉嫩香透，不仅老少咸宜，而且馨逸叵口，确为吃早餐时一款不可多得的隽品。其美味比起梁公鸡粥来，应无二致，但后者显然更易消化，允为神品。

味外之味

煎扒鲭鱼的传奇

有一戏台联，短短十个字，却有包容量，将千古人物、政治风云都纳入其中，极富哲理。此联云："舞台小天地；天地大舞台。"这一"大"一"小"，真耐人寻味。

话说 20 世纪 20 年代，杭州城有剧团演出《光绪痛史》，曾经历百日维新的康有为，特地前往观赏。看到台上一个演员，其所扮演者，正是戊戌变法中自己的角色，不禁感慨万千，特赋绝句抒愤。其中的一首云："犹存痛史怀先帝，更复现身牵老夫。优孟衣冠台上戏，岂知台下有真吾？"座中客居然也是剧中人，诚为戏曲史上所仅见。

康有为本身不仅是位大思想家，同时对书法颇有研究，写得一手好字，向有"康体"之誉，是清末民初的大书家之一。然而，他的书作中，不见扇面传世，有人问他原因，他表示，有些人会拿扇子如厕，为怕所题之字熏臭，所以从不帮人在扇子上题字。其唯一的例外，居然是送给一位厨师。

原来民国初年时，康有为途经河南开封，慕名前往名馆"又一新"用膳。豫菜大师黄润生亲自下厨，烧了一道极受商贾和官员们喜爱的美馔——煎扒鲭鱼头尾。康氏品尝之后，不禁拍案叫好，称其"骨酥肉烂，香味醇厚"，乃引汉代名馔"五侯鲭"作比喻，即兴题写了"味烹侯鲭"的条幅，赠给店主钱永升留念，以示对味美的赞赏。更破天荒地邀黄厨小叙，并赠题写"海内存知己"的折扇一把，聊表感谢之忱。此菜从此声名鹊起，盛名迄今不衰。

关于煎扒鲭鱼头尾的烧法为，先选用肥大的螺蛳鲭（注：青鱼的上品），在整治干净后，截去其中段，留头尾备用。鱼头一破为二，带皮切成条状，鱼尾亦连肉切条状，以小火煎至黄色。再把主、配料（冬笋、香菇、火腿）铺好放入扒篦里，另将葱、姜在锅内爆香，接着下绍酒、酱油、鸡高汤，然后把各料扒顺入锅内，先以大火烧沸，后用小火收汁。待其汁转浓稠，随即扒入盘内，浇淋汤汁即成。

此菜色泽枣红，肉嫩骨酥，汁浓味鲜，妙在非常入味，因而脍炙人口。在此又值得一提的为"扒"这一技法。它主要是将经过初步熟处理的食材整齐入锅，加汤水及调味品，小火烹制收汁，保持原形成菜装盘的烹调方法。且通常用在制作筵席主菜中，其口诀是"扒菜不勾芡，汤汁自来黏"，没有两把刷子，是绝刈烧不出其主料软烂、汤汁醇浓、菜汁融合、丰满滑润、色泽美观的特点来的。

虱目鱼顶级料理

依荷兰人修士德的说法，早在公元 1400 年之前，印度尼西亚就有虱目鱼养殖。话说荷兰人攻占印度尼西亚，并成立具有政府职权的"东印度公司"后，即坐抽渔税。等到他们占领台湾，为了长享利源，便鼓励汉人在热兰遮城（今安平古堡）附近，像印度尼西亚人般饲养虱目鱼。其后的明郑、清朝、日本等政权继之，台湾虱目鱼的养殖，遂在华人地区一枝独秀，进而形成独具一格的虱目鱼料理。一般而言，整鱼或鱼肚部分，可以或煮或煎或烤；鱼头、鱼尾、鱼肠及鱼皮皆可煮汤，后二者还能汆烫，搭配姜丝，再蘸调汁而食；鱼腱的吃法亦多，以炸及卤较为常见；此外，其背肌尚可打成鱼浆，做成爽脆可口的鱼丸。至于虱目鱼粥嘛，更是很多饕客早餐或吃夜宵的首选，做法简简单单，却有无穷滋味。

我爱吃虱目鱼，即使其嘌呤高，容易造成痛风，仍然"吃无反顾",只要它够新鲜,总是欲罢不能。而在我所尝过的各式各样料理中,若论其滋味之棒、造型之新颖独特及变化之妙,必以"奇庖"张北和的"头头是道"为第一。

所谓头头是道,意即条理分明,语出《明儒学案》,云:"头头是道,不必太生分别。"张氏由此滋生灵感,既取其意,复取其象,一旦落实于料理之中,就自然而然地呈现出崭新又超凡的面貌,从而将他的创造潜力与吃道境界,发挥得淋漓尽致。

这道菜用十二条半斤重的虱目鱼当食材,专取其鱼头、鱼尾、鱼腱及加工制成的鱼丸,排列成八卦形,摆在大白瓷盘的东西南北四个方位,中间则放十二个炸鱼腱,并垒成塔状,隐藏五行图像,另置十二碗鱼丸汤环列瓷盘,大有"横看成岭侧成峰"及"玉垒浮云变古今"之势,玲珑工巧,错落有致,仪态大方且气象万千。

由于此道菜一式四种,一次端上,故有饕客戏称它为"头头四道",讲法虽直截了当,却点出其中的关键。而在享用之时,先从其鱼丸汤吃起,此汤以鸡肉、田鸡、玉米、竹笋等熬成,及至临吃之际,汤面再撒上芹菜末和自研的胡椒粉。汤汁浓醇中不掩清洌,鱼丸则弹牙带爽,极为适口鲜美。接着再食鱼腱,其质松泡有劲,馨香之气四溢。

重头戏当然是吃鱼头,只消将尊口对准鱼嘴一吸,其眼珠、鱼睑、头髓等精华,一股脑儿悉入口中,但觉清香溢齿际,膏脂入吻喉，简直棒透了。最后，胆大心细者，再细品鱼尾，愈探而滋味愈出，饶富兴味，食趣盎然。

此菜不仅为张氏多次获得台湾的烹饪大奖，而且还远渡重洋，让他在 1990 年上海第一届食品节展示时，大放异彩，令评审们艳羡不已。以至这个最"本土"且创意十足的绝佳菜色（注：已故饮食名家逯耀东教授食罢的评语），赖其慧心巧手，得以声闻两岸，真是台湾之光，实值大书特书。

铁锅烤蛋扑鼻香

据已故食家唐鲁孙的说法："河南饭馆有一个菜叫铜锅蛋，鸡蛋五六枚破壳放在大碗里，用竹筷子同一方向急打一两百下，打得蛋液发酵，在碗里蛋液泡沫如同云雾一般涨了起来，然后将铜锅在灶火上烧红，放入炼好的猪油、虾子、酱油，先爆葱姜，爆香拣出，蛋液倒入油中翻滚，然后将铜锅用火钳子夹住离火，工夫久暂那就要看大师傅手艺了。此刻蛋在锅里，已经涨到顶盖，堂倌快跑送到桌上，不但锅里蛋吱吱作响，而且涨起老高，不仅好看，且腴香噀人。"他并认为，"铜锅蛋原本是用紫铜锅，它传热快，不知道为什么改成铁锅了，黝黑焦底，滋味虽然没有什么不同，可是观瞻上就差得太多啦"。

事实上，唐老的看法与真相颇有出入。因为铁锅蛋始于清朝末年，由"厚德福饭庄"创建人陈建堂（河南杞县人）所创制。该店在北京、上海、天津、南京、沈阳、重庆等十六处商埠，以及美国、中国香港等地，均设有分号，盛极一时。且各分号的看家本领，全是铁锅蛋，遂博得"特殊菜"的美誉，成为镇店名肴。

散文大家梁实秋乃北京厚德福的少东之一，正因如此，他描绘起自家制作的铁锅蛋来，自然特别传神，他指出："厚德福的铁锅蛋是烧烤的，所以别致。当然先要置备黑铁锅一个，口大底小而相当高，铁要相当厚实。在打好的蛋里加上油、盐作料，掺一些肉末，绿豌豆也可以，不可太多，然后倒在锅里、放在火上连烧带烤，烤到蛋涨到锅口，作焦黄色，就可以上桌了。这道菜的妙处在于铁锅保温，上了桌还有滋滋响的滚沸声，这道理同于所谓的'铁板烧'，而保温之久犹过之。"

除上述之外，唐鲁孙印象中最深刻的铜锅蛋，乃袁世凯次子袁寒云"用上好雪舫蒋腿，肥三瘦七剁成碎末，加入蛋内"；梁实秋则谓北京厚德福的定例，则是"将美国制的干奶酪切成碎丁掺在蛋里"。前者自云："高出一筹。"后者自认："气味喷香，不同凡响。"可惜我虽吃过几款铁锅蛋，但这两味尚未染指一试，颇引为憾。

当下最有名的铁锅蛋，应是郑州市的豫菜大厨杨振卿所研制的三鲜铁锅烤蛋。此菜最特别之处，乃在蛋液中添入鱿鱼丁、海参丁及海米丁这海味三鲜，及烹制之时，必须上烤下烤，成菜色泽红黄、油润明亮。而在享用的当儿，得佐以姜末、香醋，始有蟹黄滋味，非但满口鲜香，而且别开生面。

由此可见，此一烤蛋的风味，不在于器皿用铜或铁，而在于所掺的配料，戏法人人会变，巧妙各有不同，如何运用拿捏，端赖慧手巧手。

大马站煲超惹味

司机们聚在一起解决三餐的地方，往往都是经济实惠、物美味佳的所在。晓得门道的人，每能享受意想不到的美食。粤菜中的大马站煲，即是在这种情况下被发掘的。

话说中日甲午战争前，人称"香帅"的张之洞总督两广，开府广州。他是个大老饕，遍食山珍海味，当年在京城时，时常寻访珍馐，留下不少饮食轶事。张心仪粤菜已久，一旦走马上任，除带来原有的家厨外，另聘一名粤厨，只要在城里的酒楼尝到好菜，便命其仿制供餐，遂因而得以饱啖羊城的一些美味。

一个寒冬的夜晚，张之洞路过广州闹市双门底，突闻阵阵"异"香，令他食指大动。一回到府中，他便吩咐厨子循香查访，依式做份菜来，准备大快朵颐。

厨子依言前往，寻到一块空旷地，只见许多车夫、轿夫围在一起煮食，香飘四境，惹人垂涎。便挨近查看，见他们所煮食的，都是些平凡材料，实不登大雅之堂，乃据实回报。张之洞大为好奇，非试不可。厨子只好前去偷师取法，不久尽得其秘而归。

待晚膳端出时，香帅一尝，频频叫好，忙问何名。厨子回说不知，但那地方俗称"大马站"，乃马夫、轿夫们休息的所在。张之洞便告诉他，今后此菜便叫"大马站煲"，十天供食一次。厨子唯唯而退，每旬例供不断。

厨子和同行闲聊时，不免提及此事，大家引为趣谈。饭店老板闻罢，马上灵机一动，在询其做法后，随即推出应市，并说总督大人爱吃，实乃御寒无上妙品。这菜一经渲染，天天供不应求，别的饭店见状，无不纷纷跟进，从此流行岭南，成为家常佳肴。

早年我赴香港时，一些陋巷中的小馆，仍有贩卖大马站煲，曾点食了几回，食味津津，甚有好感。

这道菜咸鲜下饭，兼且下酒。在制作时，先将烧肉（中猪斩件烧烤）切成条状，于锅上爆油后，接着添入大蒜、生姜、大葱及虾酱同爆，最后加上豆腐、韭菜再煮，原煲整只上桌。吃罢添料再煲，滋味更为浓郁。

现代人的饮食习性，主张清淡健康，反对重油厚味。不过，寒夜偶尝大马站煲，呷上两口烧刀子，可谓深得"味外之味"，那股快乐劲儿，诚非笔墨所能形容。

总理衙门是混蛋

据说民国首任的大总统袁世凯有个坏毛病，那就是动辄骂人"混蛋"。其实，"混蛋"可是道味美的好食，诸君不可不知。

这所谓的"混蛋"嘛，当然是用蛋做的，而且用的是鸡蛋。清人童岳荐所著的《调鼎集》中，最早记载其做法，指出："将鸡蛋壳敲一小孔，清、黄倒出，去黄用清，加浓酒煨干者拌入，用箸打良久使之融化，装入蛋壳中，上用纸封，饭上煮熟，剥去外壳，仍浑然一鸡卵也，极鲜味。"稍后，袁枚的《随园食单·小菜单》中，亦载此味，做法大同小异，只是浓酒换成浓鸡卤，菜名也改成了"混套"。事实上，这道菜的工序虽然繁复，但在操作上，并不特别困难，阁下如有兴趣，尽可依式制作，借博家人一粲。

厨艺是越做越细，精益求精的。由"混蛋"衍生而出的湖南"换心蛋"、安徽"八宝蛋"与湖北"石榴蛋"，花样增多，形状越俏，竟把普通的鸡蛋混得一塌糊涂，味道反而更加鲜美可口，实在很有意思。

言归正传。"总理衙门"怎么会和"混蛋"牵扯上呢？原来清文宗在位时，鉴于涉外事务频仍，乃于咸丰十年（1860）十二月废除理藩院，另设"总理各国事务衙门"，简称"总理衙门"，划一外交事权，设置外交专官。然而，该衙门的大权，始终落在一些无知的王公大臣手上，且办事的人员，则多为纨绔子弟，整天不务正业。尤令人气愤的是，这群不学无术的公子哥儿，一旦钻对门路，居然都能升官，而且连升三级。人们对这种腐败现象十分不满，遂将这些蠢蛋斥为"混蛋加三级"。一日，衙门内的外交家钱恂突发奇想，请馆子烹制一自创的菜色，即用鸡蛋与鸡丝、鸡肝、鸡肫等料一起糊烩，管它叫作"总理衙门"，意在影射"混蛋加三级（鸡）"，引起广大回响。

这道独特菜肴，让我想起了台南名食"棺材板"。按其制法：乃将厚片吐司切去边皮，炸至酥透，剜去上层备用；然后填入鸡肝、鸡肫、豌豆、马铃薯、花枝、虾仁、奶油等糊烩的作料，覆上原盖即成。说来怪巧合的，这两者的相近处为作料雷同，手法类似，唯后者内无蛋，混得还不够透彻；至于其相同之处，则是乍闻其名，莫名其妙。

坦白说，人的想象力无穷无尽，菜肴才能打破界限，超越时空，迈向全方位发展。亦唯有如此，不论其"结果"是好是坏，始可惊叹连连，或击节赞赏，喜极而泣；或双手一摊，不断摇头。光就此点而言，古人所认为的"天地混沌如鸡子（蛋）"，进而由此制成"混蛋"，确为奇思异想的杰作，委实妙不可言。

味外之味

韭菜篓中有玄机

六朝的周颙隐居钟山，文惠太子曾问他："什么蔬菜的滋味最美？"周答道："春初早韭，秋末晚菘（即大白菜）。"此语深得我心，奉为圭臬至今。

散文大家梁实秋说，他有一年"在青岛寓所后山坡闲步，看到一伙石匠在凿石头打地基，将近歇晌的时候，有人担了两大笼屉的韭菜馅发面饺子来，揭开笼屉盖，热气腾腾，每人伸手拿起一只就咬，一阵风吹来一股韭菜味，香极了。我不由得停步，看他们狼吞虎咽，大约每个人吃两只就够了。因为每只长约半尺。随后又担来两桶开水，大家就用瓢舀着吃。像是《水浒传》中人一般的豪爽。我从未见过像这一群山东大汉之吃得那样的淋漓尽致"。

然而，"水能载舟，亦能覆舟"，因场景的不同，有人吃这包韭菜馅的玩意儿，还真是难以下咽。像清人崇彝的《道咸以来朝野杂记》便载一段与此有关的轶事，内容有些劲爆。原来道光皇帝的五子奕誴，性格不稳，言行浮躁，显然不是块当皇帝的料，加上其生母祥妃钮祜禄氏气焰嚣张，不成体统。道光实在看不下去，干脆来个釜底抽薪，将奕誴过继给自己的三弟，即去世而无后的惇恪亲王绵恺，并降袭为惇郡王，其母亦被降为贵人，算是永绝后患。

奕誴的本性难移，生活不检点如故，常在天热时，作葛衣葵扇装扮，箕踞什刹海（位于北京北海后门）纳凉，十足像个市井中人。他酒量极宏，最爱玩的恶作剧，就是在宴客之时，虽摆满整桌佳肴，却不准宾客下箸，只许饮烈酒终席。有的人受不了，想要吃点东西，他便给些涂满辣酱的韭菜篓，因其味太辛辣，以致无法下咽，搞得举座不安。这种整人方式，可谓整到家了。

梁老又提到令他最怀念的韭菜篓，为出自北京"东兴楼"的绝品。它的做法及特色，乃"面发得好，深白无疵，没有斑点油皮，而且捏法特佳，细褶匀称，捏合处没有面疙瘩，最特别的是，蒸出来盛在盘里，一个个的高壮耸立，不像一般软趴趴的扁包子，底直径一寸许，高几达二寸，像是竹篓似的骨立挺拔。看上去就很美观"，他甚至疑心是利用筒状的模型。其馅子也很讲究，"粗大的韭菜叶一概舍去，专选细嫩部分细切，然后拌上切碎了的生板油丁。蒸好之后，脂油半融半呈晶莹的碎渣，使得韭菜变得软润合度"。因此，"像这样的韭菜篓端上一盘，你纵然已有饱意，也不能不取食一两个"。

这段话描写得太生动了。不过，我也曾在香港九龙弥敦道上的"北京酒楼"尝过用高筋面制成的上好韭菜篓。其形貌应与东兴楼所做的相仿佛，口味上想必差别有限，或许还有独到之处。当晚大伙儿已食罢一席佳肴，但一看到这盘美味，依旧兴致高昂，纷纷攫取入口，个个大赞不已。有人意犹未尽，还连拿两个哩！

一包一饺两样情

宋代的厨娘善于烹调，不但穷极工巧，而且花样百出，实对中国厨艺的进步有其不可磨灭的贡献。她们之所以能如此精益求精，说穿了，不外"主治一艺，事简乃精"。即以分工而言，极富贵的人家，切葱都需专人，由是即可见其一斑。

到了明朝，著名的杂学大师冯梦龙有天心血来潮，给家中的厨娘出个"难"题，即肉包子必须有葱味，但不能见葱。厨娘沉思一会儿，便开始动手制作。须臾，肉包子端出，他一尝之下，果然只有葱味却不见葱。冯十分好奇，问何以至此。厨娘揭开谜底，并不怎么稀奇。原来她在包子上笼蒸前，先插根葱在里头，待蒸好之后，即将葱拔去，这么轻易地完成了冯梦龙所交代的任务。

无独有偶。当清康熙在位时，有回他微服出访，来到承德马市街，肚子正咕噜作响，瞥见了一家酒楼，乃信步走了进去，

味外之味

拣一僻静处坐下。他看了看墙上贴纸，随即点了一道"隔山焖肉"、一张"驼油丝饼"和一大盘"麒麟蒸饺"。堂倌陆续端菜，康熙逐口品享。那隔山焖肉的确好吃，第一口分明是羊肉，第二口却变成猪肉，岂不怪哉！再看那饼，外层黄白透明，里头竟是橘红，很有意思。麒麟蒸饺更妙，入口腴而不腻，而且香气四溢，感觉十分特别。他便唤堂倌过来，告以相当满意。堂倌回道："客官真是内行，您点的这三样，全是咱家主人的祖传绝活，人称'塞外三鲜'哪！"

康熙话锋一转，指着盘中的蒸饺问道："这饺子的滋味蛮不错的，但每个饺子为何都露出一段韭菜呢？"堂倌笑道："普天下都卖蒸饺，唯独本店的蒸饺馅为驴肉韭菜，入口爽滑不腻，回味醇厚无穷，这可是别家没得比的。为示货真价实，故意把韭菜露出一点儿，以此招徕食客。"康熙听罢，哈哈大笑，说："哪需费这么大的劲，你们只要在门口拴头驴子，并在它的身上贴张驴肉蒸饺的纸，不就得了？那岂不是比蒸饺里露段韭菜更吸引人？"

堂倌一听，觉得很有道理，乃向店主人反映。后来这酒楼果真在门口拴一头肥驴，每当有人路过，堂倌就大声吆喝："驴肉肥！"于是人们给这酒楼起了个诨名，管它叫"驴肉肥"。由于这名号诙谐易记，从此之后，"驴肉肥"的"麒麟蒸饺"更加远近驰名，竟使它成为关外的老字号酒楼，经营长达两世纪之久。

厨娘见招拆招，做出葱味肉包，十足地有创意。驴肉肥则因"贵人"点拨，打出自己品牌，真是无巧不成书。可见庖艺之道与营销手法异曲而同工，取径非一，耐人寻味。只要明白其中道理，必可使之相得益彰。

　　　　　　　　　　　　　　　　　　　　　　　　味外之味

三

辑

临沂鸡糁好滋味

据说东晋大书法家王羲之在成名前，蛰居琅琊（即今山东临沂）故里，认真好学，苦读不辍，每至夜半才休息。他的夫人怕他饿着，常做鸡糁以进，当作夜宵来吃。这种齐东野语，因无信史佐证，权允故事听听，是当不得真的。事实上，关于临沂鸡糁的历史，目前有三种说法：第一说是溯自唐代长安；第二说则是传自宋代开封，更有人指证历历，指出其起源实为河南的"苏家糁汤"；第三说认为这种用鸡做成的肉末粥，在山东多见于鲁西南的济宁、鱼台和金乡等地，约于20世纪30年代引入省城济南，而以临沂的最为著名，因而博得"临沂鸡糁"的令誉。

"糁"到底是啥玩意儿，可是众说纷纭。其一认为它乃周天子的八珍之一，盛行于周代，依《礼记·内则》的记载："糁：取牛、羊、豕之肉，三如一，小切之，与稻米，稻米二，肉一，合以为饵，煎之。"意即将三等份的牛、羊、猪肉，分别切成肉末。稻米粉加水调和成干湿粉，并摘成若干小坯，用手揿（即按）成薄饼状。再用两块米饼坯裹包一份肉末做成饼，入油锅煎熟即成。其二则是古时把粮食磨成颗粒状称为糁，又可作茸解，如鸡糁、鱼糁，实际上就是鸡茸、鱼茸。此糁如加水熬制就成粥状，当作粥解。换句话说，通称的鸡糁，就是鸡肉末粥。

鸡糁是淮河以北地区颇受欢迎的早餐粥品，在严冬或春寒料峭的清晨，喝碗味美可口、营养丰富的鸡糁，必能沁出细汗，全身暖和起来。如果食量甚宏，亦可取荷叶饼卷蘸上甜面酱的大葱搭配而食。既祛寒，又耐饥，棒极了。难怪趋之者若鹜，早上不啜此不欢。

据悉，已有数百年历史的临沂鸡糁，现今最权威的制法，出自有五十余年制糁经验的大厨李连币，依他老人家的介绍，鸡糁必以多为贵，不然会淡而无味。此法极费功夫，光是做一锅（也叫一甑），其食材就包括老母鸡十只、麦仁一千五百克、面粉五千克、葱五百克、姜一千克、五香面十五克、酱油一千克、胡椒粉一千五百克、盐二百五十克。另准备香油和醋二味，供食时浇拌自用。

而在煮糁时，先将锅中之水加足，再放整治好的母鸡，煮沸后加麦仁，熬煮三个多小时，把鸡煮至熟烂。接着将鸡捞出，随即把葱、姜（拍扁剁碎）、盐、胡椒粉、五香面、酱油调和均匀，倒入甑锅烧沸，紧接着把调和好的面粉倒入，烧沸后略滚，以木勺搅匀，即大功告成。而在临吃之际，另把已捞出煮熟的鸡，拆出，切丝，再将糁汤盛碗内，撒上鸡肉丝，浇淋麻油和醋，搅匀即成。

成品喷香味醇，引人流连忘返，不吃就浑身不得劲儿。目前"临沂那里的百姓，不仅家家仿效熬制糁汤，而且逢节令佳期，人们还把它当成一种高贵的礼物而互相赠送"，十分热门。此外，阁下如想变换口味，当地另有牛糁、羊糁、猪糁等供应，恐怕您一吃就上口，成为食糁的常客哩！

味外之味

世纪超级大拼盘

日本及泰西诸国厨师，一向讲究盘饰，形成所谓"盘文化"，风靡全球，不可一世。然而，若论起世界上冷盘菜的登峰造极之作，则是唐代一位法号梵正的尼姑，她苦心孤诣地仿造山水画家王维所绘《辋川图》（共二十景）画面，以肉、鱼、果、菜等拼制而成。由于选料多样，荤素兼备，技艺超凡，难度奇高，绝对是一等一的伟构。它不见得是后无来者，但保证是前无古人。而这个大型组装的花色拼盘菜，也因"人多爱玩"，终至于"不忍食"。

这组花式拼盘最令人惊艳处，在于"出奇思，以盘钉簇成山水，每器占《辋川图》中一景"（见明人李日华的《紫桃轩杂缀》）。由于王维晚年隐居蓝田辋川，盖了一座别墅，并按诗画的意境，辟建华子冈、孟城坳、辋口庄、文杏馆、斤竹岭、木兰柴、茱萸沜、宫槐陌、鹿柴、北垞、欹湖、临湖亭、栾家漱、金屑泉、南垞、白石滩、竹里馆、辛夷坞、漆园、椒园等二十个景区。而他以此辋川二十景为题材所绘制的《辋川图》，更"写尽人间山与川"，画面丰富而生动。据《蓝田县志》的记载：此图"山谷郁盘，云水飞动，茂林修竹，奇石怪树，庭园馆舍，无一不精"。因此，想要用菜将该画的意境表现出来，简直是"难于上青天"。

宋代的《清异录》亦对此一别致的奇菜多所着墨，谓："比丘尼梵正，庖制精巧，用鲊臛、脍脯、醢酱、瓜蔬，黄赤杂色，斗成景物，若坐及二十人，则人装一景，合成'辋川图小样'。"她能将"辋川图二十景"再现于花色冷盘之中，充分把绘画艺术与烹饪技艺巧妙结合，实为破天荒的创举。而且这可不比绘画，只消文房四宝，即可变化无穷。

又，梵正是用鲊（其食材有猪、鱼、鹅及黄雀等）、臛、脯肉，以及一些腌酱过的瓜、果、蔬菜作为花色拼盘的原料，若无精湛的选料、切配、调味和造型技艺，即使勉强拼摆出来，也是杂乱无章。既然它是《辋川图》的"小样"，自然就得把别墅里的楼台亭阁与山水桥梁等融为一体，一块儿摆入盘中。而要如此呈现，更得掌握园林艺术的分合、高深、曲折、明暗、虚实等布局手法，倘无精妙构思，根本无法措办。凡此种种，正说明了在近千年之前，这名女厨师的艺术修为和烹饪技巧，俱臻化境，已达到令人叹为观止、委实不可思议的地步。早在二十年前，西安市为拓展观光，其所推出的"仿唐菜"中，亦有这道"辋川小样"的珍馐。所参考的蓝本，乃陕西省蓝田县文化馆保存宋人的石刻，再加以仿制摆设而成的。观其所用的食材，为熟腌肉、烧鸡、卤香菇、蛋糕、盐水花生、小黄瓜、核桃和皮蛋等物，不论质与量，都不是太高。我想它比起梵正真正的原貌，恐怕还差得远，尚有成长空间。

豆腐泥鳅万箭穿

日本卡通片《一休和尚》里，曾有一休烹制泥鳅钻豆腐这道菜为他妈妈治病的镜头，看了着实感动，既佩服其孝心，也佩服其勇气，胆敢烧这个菜。其实，此菜一直是中国传统的乡野菜，不论是粤菜、鄂菜、湘菜及黔菜等，都可见其踪迹。只是在贵州当地，有个故事流传下来，为此菜平添一段传奇色彩。

相传清高宗乾隆年间，贵州铜仁市的严家，其主妇姜秀莲有次正准备烧一方豆腐款待客人。不意来了些不速之客，好几条泥鳅钻入豆腐内，姜妇并未察觉，待整方豆腐烧好后，热腾腾地端上桌来，客人享用之际，突闻"异"香扑鼻，顺势拨开一看，始知其中奥妙，吃得不亦乐乎。姜妇得此激励，再经反复研究，终于创制此一名菜，从铜仁而誉满黔省，至今当地仍有一众所周知的民谣："黔东奇事不胜数，严家泥鳅钻豆腐。"即为明证。

味外之味

本菜的主角泥鳅，原产于水田沟渠或小河里，故在煮食前，应先将它置于清水中，使体内所含之土质吐出，约需两三天的工夫，且要常换清洁的水，等泥垢尽去，土腥味释出，泥鳅也饿了，将它们捞起，置锅中备用。

豆腐泥鳅又称泥鳅钻豆腐，依黔菜的做法，目前有混汤法及滑熘法两种。前者先在锅内放板豆腐、冷水及理清肚腹的活净泥鳅，然后生火，逐渐增温。泥鳅一旦受热，就往豆腐内钻，俟其完全熟透，倾去锅内之水，添上些许茶油，煎至豆腐两面呈金黄色，再倾入高汤及调料等，接着用文火慢熠即成。后者有人将预先做好的馅子放进锅里，饿极的泥鳅，一见香喷喷的馅子，争相吞食。此时可用小火，徐徐增热，等泥鳅把馅子食毕，锅中已有相当热度，适时将整块板豆腐洗净置于锅中。而饱食的泥鳅，因受热故，斗志全失，看到冷的豆腐，群相钻入其中。此时封严锅盖，一俟熟透，立即起锅，淋些麻油，再撒葱花与胡椒粉，即可食用。

此菜具有特殊的芳鲜，飘香四溢，虽然混汤及滑熘二者各具滋味，但均妙在爽滑适口，诱人食欲。只是其制作过程，颇不人道，且泥鳅群入豆腐中，好像万箭穿心，于是有人给它另取个有趣的名字，就叫"万箭穿"。

泥鳅虽其貌不扬，但肉质细腻滑嫩，有极高的营养与保健价值，不仅维生素 B_5 的含量在鱼类中名列前茅，而且能治愈传染性肝炎，并有抗衰老作用，同时它补而能清，诸病不忌，乃肝病、糖尿病、泌尿系统疾病患者的食疗上品。《本草纲目》一书指出：泥鳅能"暖中益气，醒酒"；强调"阳事不起"，可煮食之。难怪有人因而产生联想，特好吃泥鳅钻豆腐了。

全聚德挂炉烤鸭

几年前，一度传出"全聚德烤鸭店"要在台中开分店的消息，引起业界一阵骚动，最后虽然没有成局，倒留下了不少话题。究竟此店有何魅力，能令业界沸沸扬扬？说穿了，不外它是当今烤鸭正宗，其滋味之美，据说会让人有"不吃烤鸭真遗憾"之叹，简直可和"不登长城非好汉"相提并论。

当下的"全聚德"，创业于清同治三年（1864）。其时前门外的肉市胡同，本有一家名为"德聚全"的干鲜果铺，因经营不善而倒闭；原卖鸡鸭的天津蓟县人杨寿山（字全仁）便顶下该铺，把原字号倒过来，易名为"全聚德"，取其"以全聚德，财源茂盛"之意，主要经营烤鸭、烧炉肉等。后为提升档次，聘请在清宫御膳房"包啥（满洲话，意为下酒）局"负责烤猪和烤鸭的孙师傅制作挂炉烤鸭，从此名震京城，吸引四方食客，继而扬威海外，引起广大回响。

孙老师傅所制作的挂炉烤鸭，原是乾隆皇帝的最爱。他老人家不仅在宫里，即使在下江南时的行宫内，亦备有烤炉，供其不时之需。此烤炉以砖砌成，灶炉前有拱门，灶里三面都有灶架，将准备烤制的猪和鸭挂入灶膛内的炉架上，随后再用质地坚硬、烤时无烟的枣木、杏木等果木为燃料。而在烧烤时，烤鸭师傅要用吊竿规律地移动鸭的位置，以便鸭子周身都能烤透。尤要注意的是，鸭子不能直接触碰旺火，火大了鸭子全焦，火不够鸭子不酥，须凭老到经验。据说该店第三代的烤鸭大师、有着特一级厨师头衔的张文藻，先后共烤了五十多年，阅历丰富，只消看一看炉中鸭皮的变化，再掂一掂鸭身的重量，即知火候是否掌握得恰到好处。至于烤好的鸭，丰盈饱满，色呈枣红，皮脆肉嫩，鲜美酥香，肥而不腻，瘦而不柴。由于滋味着实不凡，1988 年时，还获得商业部饮食业优质产品"金鼎奖"哩！

吃挂炉烤鸭，通常用荷叶薄饼（老北京人称之为"片儿饽饽"），卷鸭肉、大葱、甜面酱而食。这种吃法，事出有因。据说出身贫苦、为人善良正直的杨寿山在主理店务时，看到达官贵人、富商巨贾们穷奢极侈，挥金如土，每吃罢筵席后（当时不仅寿辰赠馈，酒席宴客也必备烤鸭，所谓"筵席者必有填鸭，一鸭值一两余"，即是指此），便用一种发面制成、状呈六瓣的荷叶饼，拭去嘴边油腻，然后随手扔掉，心中很是愤慨。曾对店里的人提起："咱们'全聚德'可不能让客人们干这种缺德事。"

后来定下规矩，店里不做发面主食，想吃烤鸭，须用荷叶饼卷进鸭肉而食。同时，凡在这里吃烤鸭者，不管是谁，身份地位有多高，一律得自己动手卷食。然而，此说是否可靠，且由诸君自由心证了。

总之，"京师美馔，莫妙于鸭，而炙者尤美"。它是否对您脾胃，得亲自试味才行。可惜当下在台北，卖北京烤鸭的店家虽多，但就烧烤、片皮等总体技艺观之，称得上够水准的，居然找不到一家。每届秋风起兮，身子带着凉意，想要吃个烤鸭，还真无处下箸。

全聚德的全鸭席

近尝号称"国宴规格"的全聚德鸭膳套餐,心中感触良多。想当年杨寿山开创"全聚德"时,为了与雄霸北京的"便宜坊"互争短长,除了改用清宫的明炉(挂炉)烤鸭以对抗传自明宫廷的焖炉(暗炉)烤鸭外,更在搭配上动脑筋,伴以鸭油熘黄菜(以蛋黄制作)、鸭丝烹掐菜(即去头尾的绿豆芽)、鸭架子加冬瓜或白菜所熬成的糟鸭骨汤,合成"一鸭四吃",吸引了不少饕客。随着经验累积,不断推陈出新,厨师们遂将烤鸭前从鸭身上取下的鸭翅、鸭掌、鸭血、鸭杂碎、鸭下水等,陆续制成红烧鸭舌、烩鸭腰、烩鸭胰、烩鸭雏(鸭血)、炒鸭肠、糟鸭片、伴鸭掌等菜肴,名之为"全鸭菜",很受食客们欢迎。

其实,号称"鸭馔甲天下"的金陵(南京),于20世纪30年代时,便推出脍炙人口的"全鸭席",流风所及,现仍可在南京觅其踪迹。此席的菜单,一概以鸭为主,琳琅满目,美不胜收。现抄录如下——

四鲜水果。

四双拼：盐水鸭，卤鸭肫；烫鸭肝，陈皮鸭；鸭蛋松，酥鸭条；腐乳鸭，咖喱鸭舌。

四时炒：料烧鸭；掌上明珠；爆炒玲珑；裹炸鸭。

六大：鸭包鱼翅；烤大肥鸭；菜花鸭；茄汁鸭；花蛋鸭脖（即膀胱，俗名小肚）；松子鸭羹汤。

六小：竹荪美味鸭；瓢儿鸭腰；人参鸭；美味鸭胰；桂花鸭脯；蜜制鸭肉。

点心：鸭肉四喜饺；枣泥鸭蓉饼。

"全聚德"的全鸭席起步较迟，直到20世纪50年代初才现端倪。后经名厨蔡启厚、王春隆、王学升、王明礼、陈守斌等，在原先几十个全鸭菜品的基础上，勇于改革创新，在精益求精下，终于研制出以鸭子为主食材加上山珍海味的"全鸭席"。

目前"全聚德"的全鸭席，共有一百多种冷热菜肴可供选择。其上菜程序，一般是先上下酒的冷碟，如芥末拌鸭掌、酱鸭膀、卤鸭肫、盐水鸭肝、水晶鸭舌、五香鸭等。接着上四个大菜，如鸭包鱼翅、鸭蓉鲍鱼盒、珠联鸭脯、北京鸭卷等。再来上四个炒菜，如清炒肫肝、糟熘鸭三白、火燎鸭心、芫爆鸭胰之类。随后上一个烩菜，如烩鸭四宝（即胰、舌、掌、腰）、烩鸭舌等可供选择。紧接着上一个素菜，如鸭汁双菜、翡翠丝瓜之类；而上素菜的目的，在于清口，为品尝烤鸭做准备。待服务人员端上烤鸭、给客人过目后，当场片鸭给顾客享用。食罢烤鸭，再上一个汤菜，通常是鸭骨奶汤；一个甜菜，如拔丝苹果之类；几个精美细点，如鸭子酥、口蘑鸭丁包、鸭丝春卷、盘丝鸭油饼等；以及小米粥。最后则上水果。全鸭席至此结束。

这全鸭席的分量，着实可观。胃纳小的，无从下箸，于是另外供应套餐。此一名人套餐的内容，有美国前总统老布什尝过的满坛香（内有鲍鱼、海参、鱼肚、裙边、干贝及鸭肉等）、油焖大虾，英国前首相希思品尝的香糟鲟鱼片及招待德国前总理科尔的国宴菜单上的芙蓉鲟骨鸭舌，感觉名堂甚多，然而踵事增华，失其本旨。毕竟以鸭为范畴，才是真的全鸭席，名副其实，美不胜收。

"京中第一"便宜坊

提起北京烤鸭，今人只知有"全聚德"，殊不知早在其二百多年前，北京的"便宜坊"便以烤鸭闻名，并且博得"京中第一"的封号，其盛誉至今不衰。

北京第一家"便宜坊"，创办于明成祖永乐十四年（1416），地点在宣武门外菜市口米市胡同，由来自山东荣成的几位老客开业。开业之初，店面很小，亦无字号，专为大户们宰杀鸡鸭加工，也做些焖炉烤鸭和桶子鸡（即锅烧鸡，疑为"童子鸡"之误）的生意。日子久了，人们径称它为"便宜坊"，遂以此为店名。到了光绪末年，孙子久（一称之玖）接手铺面，他有经济头脑，立即扩大营业，既重视提高质量，又继续在便宜上下功夫，因而远近驰名。

又，早在孙继承之前，"便宜坊"已是响当当的老字号，盛名之下，利所共趋，于是许多商人便以"便益坊""便易坊"

为店号，开设了不少家冒名店，首家出现于清咸丰五年，一王姓古玩商在前门鲜鱼口开设的"便意坊"，此即《都门纪略》所说的"南炉烤鸭店"。此后以"便宜坊"为店名者，纷纷在李铁拐斜街、前门外的观音寺、北安门外大街、西单、东安门、花市夹道子、舍饭寺东口等处开设烤鸭店，其数不下二十家。只是它们店面甚小，而且不设堂座，纯供外卖。这情形，恰似台北县、市二十余年前随处可见的烤鸭三吃店，蔚成食林奇观。

基于此，孙某经营的"便宜坊"（前后共七个院子，五个接待宾客，一个自用，另一个专门用来养鸭、填鸭），为了表明正宗地位，便加一"老"字，成为"老便宜坊"，并张挂明清两代的名人如吴可读、杨椒山、戚继光、刘石庵等人的屏联条幅，以示贵重。流风所及，"逊清老京官，每宴封疆大吏，会试主考，非此地方不为恭敬"。

便宜坊的烤鸭技术，乃出自明宫廷的焖鸭炉（一名暗炉），其法为用砖堆砌起炉子，砌砖讲究上三、下四、中七层。而以焖炉烤的特点，是鸭子不见明火。正因纯用暗火（用秫秸当燃料，将炉墙烧至适当温度后，将火熄灭，全仗炉墙的温度将鸭子烘熟），所以掌炉的师傅，务必要掌握好炉内温度，一旦烧过了头，鸭子会被烤煳，食来不是味儿。且在烧烤的过程中，砌炉的温度由高而低，缓缓下降，在文火不烈及受热均匀下，油的流失量小，故成品外皮油亮酥脆，肉质鲜嫩，肥瘦适中，不柴不腻。

即使一咬汁流，也因恰到好处，特别诱人馋涎。

品尝焖炉鸭，最宜金华酒，即所谓"南酒"。此法出自《金瓶梅》，再由曹雪芹发扬光大。据说他闲居北京西郊撰写《石头记》（即《红楼梦》）时，有人按捺不住，想要先睹为快，他便开玩笑地说："若有人欲快读我书不难，唯以南酒、烧鸭飨我，我即为之作书。"没想到时至今日，焖炉鸭因操作不易，且不符经济效益，已为明炉或电炉所取代，曹公若生今世，理应不胜唏嘘。

目前的"老便宜坊"已不存在，仅前门外鲜鱼口胡同的"便宜坊"及设于崇文门的新店尚存，二者统称为"便宜坊烤鸭店"，仍以焖炉鸭的形式继续经营。诸君想尝有别于"全聚德"明炉鸭之美味，宜来此大快朵颐。

一种潘鱼两食方

　　潘鱼和西湖醋鱼一样，身世扑朔迷离，让人难窥究竟。幸好它这两种主要吃法，都是出自中国北方，免得探讨起来，非但风马牛不相及，而且张冠李戴，毫无交集。

　　第一说主张潘鱼的发明人是清代苏州人潘祖荫。他出身于官宦世家，祖父为大学士潘世恩。清文宗咸丰年间，考中一甲三名进士（即探花），授编修，迁侍读。入值南书房，累迁至大理寺卿，卒赠太子太傅。平生兴趣广泛，"嗜学，通经史，好收藏，储金石甚富"，一向是北京名馆"广和居"的常客，经常在此诗酒应酬及品享美食。

　　一日，潘氏突发奇想，认为由鱼、羊二字并成的"鲜"字，如各取其肉合烹，滋味应极为鲜美。便先把羊肉熬汤，接着与活鲤鱼同炖，使汤中尽融其鲜，试尝之后，果然滋味不凡，乃将此法传授给"广和居"的牟师傅。经牟师傅再三研究改进，味道更为鲜美，遂成镇店之宝。起初并无菜名，饭店为广招徕，干脆称它"潘鱼"。

第二说认为潘鱼即天津所谓的醋椒鱼汤，因出自当地某个潘公馆而得名。其法为将鲤全鱼或者鱼中段略煎，即放大汤滚煮，煮至汤呈乳白色，再加盐、醋、胡椒粉，上桌之前，加大量的细切芫荽、青蒜等等。汤鲜而酸辣，另有风味。

第三说出自汪曾祺和周绍良等学者、作家。居然误认潘鱼是由潘祖荫所创制的醋椒鱼，不伦不类，莫此为甚。

第四说来自《旧京琐记》，谓此鱼由潘炳年创制。经查此说并不可靠，应以第一说为是。

早在一甲子之前，以研究"老北京的生活"而闻名的报人金受申先生，就曾述及潘鱼的美味，指出："用整尾鲤鱼折成两段，蒸成之后，煎以清汤，汤如高汤色，并不加其他作料。鱼皮光整，折口仿佛可以密合，但鱼肉极烂，汤极鲜美。……吃到嘴里，清淡鲜美，软嫩无比。"

比较起来，金先生显然还不够专业，再早个三十年，对北京饮食的品味和坚持，堪称一时无两的杨度（即"筹安会六君子"之一），曾食遍北京的名馆名楼，所著的《都门饮食琐记》，凡十八篇，为中国饮食史留下非常宝贵的资料，称得上言人所未言，知人所未知。他老兄在撰写"广和居"时，即记载着：它位于"南半截胡同，离市极远，而生涯不恶，因屡经士大夫之指导品题,遂有数种特别之菜,脍炙人口。'潘鱼'以汤胜,……"实已点明这道菜主要在喝汤,却不是吃肉。而牟师傅稍变之法,则是在汤里添加虾米、鲜笋、冬菇等配料,改用大火蒸,汤呈淡红色。味清而美,鲜甘可口,终成为该馆筵席中最后上桌的压轴之作。

自北京八大居之首的"广和居"歇业后,部分股东在原址另开设"同和居",继续经营,潘鱼仍是叫座好菜。只是在创意挂帅下,易羊肉为牛肉或鸡肉,鲤鱼亦改为鲫鱼或鳜鱼,搭配虽多变,但原旨全失。潘祖荫地下有知,可能会啼笑皆非。

卓别林爱香酥鸭

香酥鸭原本是一道平民佳肴，但因有名人加持，一下子水涨船高，成为举世知名的顶级珍馐。

默剧大师卓别林出身贫寒，思想前卫，他所演的电影中，或挞伐法西斯主义，或讥讽资本主义，处处流露出对弱势者的关爱，博得世人的一致崇敬，其名作有《大独裁者》《摩登时代》《淘金记》等多种。由于搞笑的功力一流，加上真情流露其中，因而博得"喜剧泰斗"的称号。

1936 年，卓氏曾访问上海，既观赏了京剧名伶马连良的戏，也出席了上海电影界为他举办的欢迎会，对中国留下深刻而美好的印象，一直念念不忘。

1954 年召开的日内瓦会议，旨在讨论和平解决朝鲜、印度两国的情势，与会者有美、英、法、中、苏、朝、印等国的元首或领导人。周恩来总理代表中国与会，待各方达成协议之际，他便广发邀请函，请有关的各国政要及社会名流吃饭。其时寓居日内瓦的卓别林，不怕被舆论扣上"同情共产主义"的红帽，欣然赴会，且因此造就了一段饮食奇缘。

周、卓二人一见如故。卓别林提起他早年的上海之行，周恩来则聊起当年长征的种种际遇，两人边畅饮茅台酒，边品尝香酥鸭，气氛融洽到了极点。待食毕香酥鸭，卓别林赞不绝口，誉之为"终生难忘的美味"，并要求带只烧好的鸭子回去，给亲友们品尝。周恩来慨然允诺。卓别林又说想与烧此鸭的主厨相见，当制馔的大厨范俊康来到他面前时，他即表示："我将来要到北京向您专门学做香酥鸭。"引起宾主哄堂大笑，从此传为食林佳话。

特级烹调技师范俊康，乃四川省成都市人，早年在成都福华园学艺，满师后即赴重庆，在国民政府的军政要员家中事厨。他烹调技艺一流，以烧、烤见长，能烹制上千种精美菜点，其拿手菜有烧牛头、烧牛蹄尖、软烧鸭子、口袋豆腐等。新中国成立后，他被调至北京饭店服务，成为操办国宴的烹饪大师。

烧这道香酥鸭，对范俊康来说，只是小露身手。他先把肥鸭用盐腌制两个小时，捞出沥干，接着用砂仁、豆蔻、花椒、丁香、葱、姜、绍兴酒等调料与鸭子同蒸，出笼后再用原汁卤过，使味透鸭肉内，然后下油锅翻炸成金黄色即成。其特色为皮酥肉嫩喷香，只要提起用手一抖，鸭肉就会脱骨而下，食时

味外之味

搭配白干，好到无以复加。

　　诸君如有心学做，可参考林文月著作的《饮膳札记》一书，书中记载香酥鸭的制法甚为周详，依式而为，必成佳馔。

　　台湾早年的办桌及餐馆内，经常可吃到香酥鸭一味，可惜制作费时，又卖不起高价，不符成本效益，早已不见踪迹。记得在二十年前，我最后一次在台北市杭州南路一段巷内的福州菜馆"陈家发"（现已歇业）尝过，但觉其味甚美，无奈现在即使在那儿也吃不到了，令人好生惆怅。

郁达夫喜西施舌

郁达夫不仅以文学著名，而且是个名副其实的美食家。他本人的食量和酒量均大，每餐除可吃斤把重的鳖（即水鱼）或整只童子鸡外，还可饮一斤绍兴酒或一瓶白兰地。早先爱吃水鱼炖火腿、炒鳝丝等菜色，等到他因缘际会来到福州后，眼界一开，胃口亦变，对福建的佳肴赞誉有加，并写下了脍炙人口的《饮食男女在福州》一文，允称食林盛事。

当时的福建一地，确实得天独厚，东南临海、西北多山，因而山珍海味全都贱如泥沙。而沿海的居民，不必忧虑饥饿，等到退潮时分，只消去海滨走走，便可拾回一篮海货充当食品。在福建众多的海味中，郁达夫提到了西施舌、蛎房、江珧柱和蟳。其中的西施舌是一种海蚌，乃福建长乐的特产，其壳大而薄，略呈椭圆形，"水管特长而色白，常伸出壳外，其状如舌，故名西施舌"。

味外之味

早在南宋时，本名"沙蛤""车蛤"、统称"蛤蜊"的西施舌，就是饕客眼中的珍品，例如胡仔《苕溪渔隐丛话》中引《诗说隽永》指出："福州岭口有蛤属，号西施舌，极甘脆。其出时天气正热，不可致远。吕居仁有诗云：'海上凡鱼不识名，百千生命一杯羹。无端更号西施舌，重与儿曹起妄情。'"这位江西派的诗人，在品尝西施舌羹时，居然也同年轻人般，对倾国佳人西施动了妄情，竟将"饮食男女"的特色，发挥得淋漓尽致，显然得"色·戒"一番，以正其痴心妄想。

到了明代，西施舌仍受文士们推崇，像屠本畯的《闽中海错疏》便云："沙蛤上肉也……似蛤蜊而长大，有舌白色，名西施舌，味佳。"而且点出其美在舌。王世懋的《闽部疏》亦云："海错出东四郡者，以西施舌为第一。"此外，周亮工的《闽小纪》亦表明："闽中海错西施舌，以色胜香胜。"显然肉质清脆、滑嫩、鲜美的西施舌，已被誉为一等一的美味。它被引进香港后，却另改名"桂花蚌"了。

郁达夫认为，西施舌"色白而腴，味脆且鲜，以鸡汤煮得适宜，长圆的蚌肉，实在是色香味俱佳的神品"。而此吃法，称之为"鸡汤海蚌"，乃福州老店聚丰园的名菜，以色泽白而透明、肉质细嫩、滋味极鲜著称。

台湾的西施舌，主产于鹿港一带海域，俗称"西刀贝"或

"西刀舌"，是当地一道名贵的海味，吃法主要有冰镇生食、五味、糖醋、爆炒、煮姜丝汤、煮桂花汤及清蒸等多种，颇富变化；大小则以一斤二三十粒最佳，也最抢手。

又"清汤鲜炒俱佳品"的西施舌，郁达夫曾在其刚上市时，既红烧又白煮，一次吃尽几百个。他还很自豪地说："总算也是此生的豪举，特笔记此，聊志口福。"口福如此之好，却故作惺惺态，真个气杀人也。

虾子大乌参轶事

化腐朽为神奇，是大厨的手段；而为滞销货打开通路，则是生意人的高明处。两者一旦紧密结合，必然可成就上好佳肴，也为食林平添趣事，让食客们津津乐道。

海参是中国有名的干货，名列"海味八珍"之一。它虽为满汉全席不可或缺的台柱，却不见得人人都能接受，像精通美食、享尽珍馐的老佛爷就不怎么爱吃。据德龄郡主所写《御香缥缈录》上记载：慈禧太后对于各种海菜，"尤其不喜欢那海参。……它的形状更是丑恶不堪，但一般人都说它有滋补的功用。因此，也得滥竽在那些真正的美味里头"。其言下之意，海参竟因滋补性强，才得以充数"御"膳之中。

上海人原本也对海参兴趣缺缺，一直乏人问津。直到20世纪30年代末期，由于商人的灵感，才出现了新契机。话说起初位于十六铺洋行街的南北货店，因海参难销，伤透了脑筋。

于是"义昌"和"六丰"这两家海味行的老板，便向擅烧本邦菜的"德兴馆"情商，愿意免费供应，让其试制菜肴。该馆的大厨蔡福生和杨和生在几经试验后，推出红烧大乌应市，居然大受食客欢迎。杨和生受激励下，更加精益求精，遂使这道菜的味道，更上层楼，尤胜于昔。知味识味之士，无不趋之若鹜，马上风靡十里洋场，成为沪菜经典美味。

自杨和生去世后，在其传人中，以李伯荣最擅长制作此菜。他曾于1983年中国名厨师表演鉴定会上，当众露了一手，博得个满堂彩。此菜至今仍盛名不衰，播誉海内外近百年之久。

烹制虾子大乌参时，需将先行涨发的大乌参（以梅花参和乌乳参最佳）在油锅里炸，沥尽油后，添入绍兴酒、酱油、白糖、高汤等，并将虾子均匀地撒在大乌参表面，接着旺火烧开，随即添入碗内。上笼蒸半小时，等到酥软取出，放在砂锅之内，倾入红烧肉汁，俟其浓稠收干，再淋葱油拌匀，撒上葱段即成。成品色泽乌光油亮，肉质软糯酥烂，滋味香鲜味浓，夹起仍在抖动，入口软腴立化。梁实秋认为"我们品尝美味，有时兼顾触觉"，此菜吃在嘴里，"有软滑细腻的感觉，不是一味的烂，而是保有一点酥脆的味道"。至于其食法，则是"不能用筷子，要使羹匙，像吃八宝饭似的，一匙匙的挑取"。旨哉斯言，叙述入木三分，而且丝丝入扣。

海参平淡无味，全赖其他辅料提味。故烧虾子大乌参时，

點筆寫遊魚活潑多生意波清
樂可知頹趣瀟濺思懶雲

虾子须猛下料，绝不可省着点用。唯有如此，才能品尝到其特异不凡的好滋味。其余味绕唇齿间，久久不能散，用此配老酒，真是好搭档。

近些年来，由于大陆经济起飞极速，在饮食上，更是"大国崛起"。上好的干货，如海参、鱼肚、干鲍、鱼翅、虾子等，纷纷销往上海等大都会，台湾在货源短缺下，想尝到够味的虾子大乌参，简直是缘木求鱼。遥想二十年前，"上海四五六菜馆"（现已歇业）的虾子大乌参，烹调得法，何其美味，现也只能徒托怀想而已。

台湾火锅最多元

　　而今在台湾，最具指标性的肴点，像牛肉面、水饺、锅贴、炒饭等，都是大家耳熟能详的，大街小巷，随处可见。

　　除了上述之外，火锅近年来尤其火红，已在台湾大行其道，且有后来居上之势。其地域不分城乡或本岛、离岛，其素材不拘荤素，种类不管本地、外来，做法则带汤汁多或偏干俱全。总之，百花齐放，万家争鸣，不论在严寒时节或炎炎夏日，好此道者，大有人在。

　　在品类如此之盛的台湾火锅里，堪称最具本地特色的，乃源自福建连城一带的"涮九门头"，由于此锅以米酒做底，故一名"米酒涮牛肉"。其主料为牛里脊和牛的舌、肝、腰、心、脾、肚（包括百叶肚、草肚壁、肚尖、蜂肚头），于整治干净后，分别将肉切成片，其他则切成块、片或条。接着用火锅将鲜牛肉及陈皮、姜片、香藤根、花椒、山柰（即沙姜）、料酒等煮

　　　　　　　　　　　　　　　　　　　味外之味

成汤头；在汤沸滚后，再以自助方式，随己意下主料，边涮或烫，边蘸着盐酒（注：现改成沙茶酱）等调味料吃。正因肉香、酒香交融，特别诱人馋涎，是以逢年过节时，亲友团聚必少不了这锅美味。

此类的鲜牛肉锅（炉），我吃过不少。像屏东的"川园"、丰原的"广东汕头牛肉店"、高雄的"牛老大"、台中的"汕头牛肉刘沙茶炉"等，均是其中的佼佼者。我特爱夏日搭配啤酒，冬天就着白干，顺喉咕噜而下，备感惬意畅怀。

一甲子前，大陆各地的火锅在台湾如火如荼地发展，早已与人们的饮食结为一体，像鱼头火锅、涮羊肉、酸菜火锅、毛肚（麻辣）火锅、鸳鸯火锅、羊肉炉、什锦火锅、一品锅等，群锅并起，大放异彩。稍后则有瑞士的巧克力锅及油炸锅穿插其间，滋味更加多元，好不热闹。

近年来，在日本综艺节目及韩剧的推波助澜下，东瀛与韩国的火锅亦大举进军宝岛，从早期的关东煮、涮涮锅、寿喜烧开始，纸锅、味噌火锅、千里锅、力士锅、石头火锅、泡菜锅、石狩锅、海带锅、牛奶锅等，都曾现踪或流行，如说台湾是火锅的天堂，"四时从用，无所不宜"，倒是挺吻合实情的。

这阵子，我也随波逐流，喜欢吃涮涮锅，尤其是台北临沂街"锅膳"的霜降牛肉锅，该店的牛肉油花细密，肉甘质嫩，一涮即熟，特别好吃。有时兴起，自涮自食自开怀，连吃上两三盘，乐即在其中矣。

味外之味

羊肉配白酒绝妙

我爱吃羊肉，倒不见得是"羊大为美"（见王安石《字说》），而是因为羊肉真的很美味，不仅烹饪手法可多元，同时滋味无一不美，搭配着白酒吃，更能显其风采。当然啦，这里所谓的白酒，是指高粱酒，尤其是产自台湾云林的"福禄寿"高粱酒。不过，酒虽同样产自"朱公泉"，但在与羊肉料理的互动上，却有明显区别，如果不明就里，便像乔太守乱点鸳鸯一样，非但吃不出其中的深奥之处，而且喝不出个所以然来。

就我个人多年的经验，在享用涮羊肉、白煮羊肉时，为得其至味，非"八年福酒"莫属；而在吃羊肉炉这等重口味时，就得用新酒，越喝越来劲儿；至于食羊小排时，欲提振其滋味，则非"五年福禄寿"不可。

一提起涮羊肉，有些人便会说此法创自元世祖忽必烈的厨师，乃军中应急而食的美味。事实上，这等野史本不足采信。

早在南宋时，林洪《山家清供》一书内，便载有此味，指出：他有年赴武夷六曲（即仙掌峰），拜访止止师，正巧天下雪，捕得一野兔，找不到厨师烧。止止师便以山家的吃法待客，先把兔肉薄批成片，用酒、酱、花椒略浸，再将风炉放在桌上，烧上半锅水，等水沸腾后，分筷给食者，让他们夹起肉片在滚水中反复烫熟，享用之际，再按各人的口味蘸上佐料。这个吃法简便易行，还会造成一种团聚欢乐的氛围，同时这种名为"拨霞供"的吃法，除兔肉外，另可用猪、羊肉替代。林洪日后忆起此段往事，其诗内尚有"醉忆山中味"之句，可见当时他吃涮兔肉时，铁定喝了不少酒。

白煮羊肉除塞外的极品外，以潮州的板羊肉和西安的水盆羊肉最负盛名。后者曾得慈禧太后的夸奖，赐名"美而美"，又此肉多在农历六月上市，故又名"六月鲜"。我曾在永和的"冯氏上海小馆"吃过以羊腿制作者，皮爽肉腴，十分好吃。前者则在"万有全"尝过田老板亲露一手的上品，肥而不腻，烂而滑嫩，相当中吃。而欲尽其妙，首推"陈高"。

羊肉炉目下在台湾，四时有售，不仅补冬而已。有加中药及添时蔬者，味道多元，耐人寻味。在我所吃过的千百炉中，必以新店阿土伯所烹制的最佳，汤醇厚而味爽，皮带劲且肉嫩，深得正宗陕味的精髓，如想多吸收胶原蛋白，还能另添鞭与春子（睾丸），爽脆堪嚼，风味亦美。此际不需陈高，以三年内新出品的"福禄寿"酒佐饮，飙冽带劲，互相烘托，顺喉而下，真个是"饱得自家君莫管"，可以逍遥自在又快活。

至于从新西兰进口的羊小排，已在台湾大行其道，中西餐皆可见其芳踪，可惜做得好的店家不多。新店的阿土伯亦精通烹制羊小排，不论是红烧的，抑或是酥炸的，都能入味。肉则或嫩或香，颇有可观之处。如搭配口感温和不刺激、带有淡淡清香的"五年福禄寿酒"，保证相得益彰，引人不尽遐思。

总之，阁下在品享风味多变的羊料理时，把盏的佳酿，除了高粱酒，还是高粱酒，只是陈新有别、酿法稍异罢了。

萝卜干贝珠传奇

一道菜要能远近驰名、影响深远，除了有其卓尔不群的滋味外，还得有一段非比寻常的际遇。清煨萝卜干贝珠得以走红两岸，实与孙中山先生有关。

1924年冬，段祺瑞邀请孙北上共商国是，中山先生扶病抵天津时，张大帅、少帅父子在其行辕（即曹家花园）设晚宴款待。为了筹措这席珍馐，张作霖和张学良可是煞费苦心，委由张大帅次子张学铭操办。

张学铭是个饮馔名家，有人形容他是"美食字典"，他不仅知道北京、天津各大餐馆的招牌菜，还清楚那些大师傅的拿手菜，至于大帅府的十三名厨师，手艺各有短长，他更是了如指掌，指挥若定。

为了提调此筵，大帅府出动首席大厨赵连璧，专从沈阳南下，另在北京请来宫廷厨师王老相及辫帅张勋的家厨周师傅等助阵，阵容十分浩大。

鉴于孙先生是南方人，菜单设计偏重海味。先上的四冷盘分别是生菜龙虾、芦笋鲍鱼、清蒸鹿尾、火腿松花。大菜则为一品燕菜、冬笋鸡块、清汤银耳、白扒鱼翅、虾仁海参、清蒸鲥鱼、清煨萝卜珠、鸽蛋时蔬、烧鸭腰及蟹黄豆腐等。又，此宴主人是张作霖，张学良以少主人身份陪席，座上嘉宾尚有冯玉祥等人。

这个晚宴甚得中山先生之欢心，一再称赞好菜，厨艺一流。他特别欣赏的是清煨萝卜干贝珠，说它既好看又中吃，清淡可口。孙的家厨杜子钊还特地学会此一来自山东的佳肴。

台湾光复初期，陈天来在台北圆环开设"蓬莱阁酒家"，礼聘杜子钊掌厨，供应闽、粤、川三省筵席。等到几年后，各省名厨齐聚宝岛，这种混省菜不再吃香，追随杜师傅的年轻一代厨师，因手艺不够地道，只能混迹酒家，自行改头换面为"酒家菜"（即新台菜），延续其香火。原来的清煨萝卜干贝珠，亦改名成干贝萝卜球，制作手法雷同，均以上汤煨透，清润甘鲜，是消积去腻的神品。

我曾在永和的"上海小馆"品享过干贝萝卜球，萝卜皆做成小球状，环绕大白瓷盘一圈，嫩豆苗上衬映干贝，粒粒圆满，端的是白、黄、绿相间，汤鲜料足，美不胜收。几年前，又在台北市中山区的"食方"（现已歇业）食此一珍味，其法为萝卜中段削皮切边，正中嵌入干贝，以旺火蒸透。其色相之美，无与伦比。

而在当下这个凡事讲求本土化的时代，阁下在老式台菜餐厅或办桌时享用干贝萝卜珠（球），如逢有人畅言此乃"正宗"台菜，并吹嘘其美味之际，您或发出会心一笑，或述其起始本末，皆无不可。毕竟，这道由平凡食材所熔铸的绝味，它本身即富传奇色彩，深植人心，长长久久。

曹雪芹"老蚌怀珠"

　　《红楼梦》的作者名曹霑，号雪芹，是位在中国文学史上响当当的人物。他不仅在诗、词、古文上的造诣精深，而且懂得医理及饮馔之道。因而在《红楼梦》一书中，其饮食乃随小说情节发展，所映照在日常生活里的缩影，一直为研究"红楼宴"者所津津乐道。事实上，曹雪芹不只"烧得一嘴好菜"，如果亲自下厨，也能烹出美味。

　　雪芹的哥们儿里，以敦敏和敦诚这两位宗室子弟与他交情最好，时常互赠诗句，表达深情厚谊。像有个秋天早上，敦诚在槐园碰到淋成落汤鸡的雪芹，此时主人不在，雪芹"酒渴若狂"，敦诚便解下佩刀，拿去当铺典当，买酒给雪芹喝。这种患难知交，普天之下，能有几人？

　　话说雪芹有次为他们"做鱼下酒，以饱口福"。在雪芹露一手之前，这两兄弟先摆阵仗，移桌就座，放好酒杯筷子，准备一些酒菜,将鱼整治干净,专待雪芹施为。待他煎烹完毕,另一食客叔度,擎起那大海碗,雪芹打开碗盖,用些黄酒环浇,顿时鲜味浓溢,勾起众人馋虫,但见鱼身有刀痕,好像蚌壳一般,配料则是笋片,已看不出是鱼。叔度便用筷子轻轻打开鱼腹,对着大家说:"请先进此味。"众人睁大眼看,仿佛一斛明珠,颗颗灿然在目,无不莹润光洁,同时大如桐子,怀疑它是雀卵。这等烧鱼手法,真是前所未见。敦敏便问叔度,此鱼设想新奇,定有不传之秘,愿闻其名。叔度回说:"这叫老蚌怀珠,非用鳜鱼才能识其度量,如果改用鲈鱼,那就更胜一筹了。"

这道老蚌怀珠,里头所藏的明珠,各家解释不同,有人说是用蛋清和绿豆粉制成的小丸子,也有人说是鸡头肉。鸡头肉就是芡实,如用鸡汤煨透,个个晶莹剔透。不过,第一个推出"红楼宴"的"来今雨轩"(位于北京市中山公园内),其所烧出的老蚌怀珠,不是用鳜鱼、鲈鱼,而是用武昌鱼(团头鲂或槎头缩项鳊,此指后者),鱼腹所镶之珠为鹌鹑蛋,且未以油炙,纯粹用清蒸,全然不是原貌。

又,清乾隆年间,扬州流行传自徽州的"荷包鱼",此鱼肴系以鲫鱼制作,不割鱼腹,而是由鱼背启刀,取出内脏后,瓤入酥炸小肉丸子煎至两面金黄,先用旺火烧开,盖上锅盖,改用小火收汁,装盘即成。这道菜一名"鲫鱼怀胎",

以形似荷包而得名。雪芹烧鱼的创意，与此互为表里，堪为食林美谈。

　　我曾在"炼珍堂"尝过一款别开生面的老蚌怀珠，鱼选尼罗河红鱼，不去头尾，以瓠瓜丝缚定，腹内塞满蛋清及鱼肉打成的鱼丸。蒸透上桌后，剪断瓠瓜丝，鱼腹即开启，鱼丸历历可数，鲜活生动，味极适口。我想曹公地下有知，也会对陈老板的创意啧啧称奇哩！

周桂生的太爷鸡

在改朝换代后，很多官员顿失依靠，只好自谋生路，有的人跑去教书，有的人去做生意，还有的人便以一技之长，搞出一番新事业，反而"留得千秋万世名"。比较起来，周桂生的际遇颇不寻常，值得大书特书。

周桂生原籍江苏，清朝末年时，曾在广东省新会县当过县令，是个爱民如子的父母官。辛亥革命后，他丢了乌纱帽，来到了广州，因生计日艰，整天愁眉苦脸。一日，他忽然想起自己当县太爷时，衙门里的厨子所烧出的熏鸡带茶叶香，风味不错，应该很有卖点，于是他挽起袖子，提起菜刀，拿起锅铲，开始试制茶熏鸡。由于领悟力好，加上触类旁通，竟让他烧出一款茶香透骨、滋味不凡的茶熏鸡来，正因茶香显著，故一名"茶香鸡"。此鸡上市之后，尝过的人，无不啧啧称奇，当人们知道周桂生曾经是个县太爷时，为了方便记忆，又叫它"太爷鸡"。

等到"太爷鸡"远近驰名后,周桂生顺水推舟,开设"周生记食摊",专卖此一美味,狠狠赚了一笔。到了20世纪30年代,广州市名馆"六国饭店"的老板招宽鱼,对这鸡情有独钟,乃命厨师用五十银圆的高价到"周生记"学艺。没过多久,"太爷鸡"就成了六国饭店的招牌名菜。流风所及,广东、香港、澳门等地区的菜馆、食摊纷纷推出太爷鸡,热闹了好一阵子。

中华人民共和国建立后,"六国饭店"并入"大三元酒家",太爷鸡自然又成了"大三元"的名菜。80年代时,英国国家电视台记者远赴广州,特地拍摄太爷鸡制作及销售的镜头,并以此作为中英合拍的电视系列片《中国人》里的一个特写场面。从此之后,太爷鸡更名扬五湖四海,蜚声国际,食客络绎不绝。

又,1981年时,周桂生的曾外孙高德良在广州复开"周桂生食摊",为正宗的太爷鸡延续香火。

太爷鸡在制作时,必取信丰的良质母鸡,先余后卤再煮,接着用香片茶叶、广东土制的片糖屑、米饭等熏制而成,以色泽枣红、光洁油润、肉嫩醇香并含有浓郁的茶叶清香味著称,是一款佐餐下酒的珍馔。

我曾在香港的食肆里品尝过太爷鸡,热食固然不错,冷食亦有风味,比起一般的熏鸡来,滋味更胜一筹。不过,台北最先扬名的熏鸡,不是出自岭南,而是来自北平的妙品,由位于信义路的"逸华斋"制作,以"质味俱佳,价钱也很豪华"著称。自该店歇业后，易名为"信远斋"，另起炉灶，风味虽略逊，售价仍不菲，据说前些年又转手，滋味大不如前，令人扼腕不已。看来北方式的熏鸡，已在台湾向下沉沦，举箸四顾心茫然了。

味外之味

叔嫂传珍醋熘鱼

西湖醋鱼是杭州的传统名菜，一名醋搂鱼或醋熘鱼，别名则是传说中的叔嫂传珍。然而，清代美食家袁枚在《随园食单》中，把醋搂（即熘）鱼与宋嫂鱼羹混为一谈，后人不明所以，转相口述抄录。例如清道光年间，梁晋竹的《两般秋雨盦随笔》便记载着："西湖醋溜（即熘）鱼，相传是宋五嫂遗制。"即是以讹传讹，贻误后学。

位于西湖之畔的"五柳居"，是一家以烧西湖醋鱼闻名的小馆子，草鱼现捞现吃，以味鲜美著称。"五柳居"后毁于太平军攻破杭州时，继起者为"楼外楼"，誉满江南。有位老兄食罢，在墙壁题首诗，诗云："裙屐联翩买醉来，绿杨影里上楼台。门前多少游湖艇，半自三潭印月回。何必归寻张翰鲈，鱼美风味说西湖。亏君有此调和手，识得当年宋嫂无？"虽用错了典故，但将该店烹制的西湖醋鱼，推崇备至，认为它可替代那让西晋人张翰一直念念不忘的鲈鱼脍，倒是见仁见智，不必信以为真。

叔嫂传珍的故事流传极广，毕竟只是传说，说得活龙活现，想来真是好笑。不过，它为食林增色，也算功不可没。原来古时有宋氏兄弟二人，满腹诗文，隐居西湖，打鱼为生。当地恶棍赵某，性喜渔色，见宋嫂颇具姿色，便设计害死其夫，想霸占她为妻。弟弟打鱼归来，偕嫂去衙门告状，官府非但未受理，反而将其毒打一顿，逐出衙门。叔嫂归家，收拾细软，准备离开。临行前，大嫂取来渔获的鲩鱼（即草鱼），特地加糖添醋，烧了一道菜，对小叔说："这碗鱼有酸有甜，望你日后发达时，不忘百姓辛酸，早日归乡，除暴安良。"弟弟后来当了大官，重惩了恶棍，却遍寻不着嫂嫂的下落。一日，他出外赴宴，席间吃了一道鱼肴，滋味和行前嫂嫂烧的挺像。原来嫂嫂为了避祸，到这户人家帮佣，听说小叔到来，特地如此制作。叔嫂欣然相见。小叔于是辞官，接大嫂回家供养，在西湖边重操旧业，仍然打鱼为生。故事荒诞不经，道听途说而已。

制作这道菜，用草鱼切块烧，其原则是"鱼不可大，大则味不入；不可小，小则刺多"；用整条煮的，则必须"鱼长不过尺，重不逾半斤"，且煮法亦不同。前者乃"略蒸，即以滚油锅下鱼，随用芡粉，酒、醋喷之即起，以快为妙"；后者为"宰割收拾过后，沃以高汤，熟即起锅，勾芡调汁，浇在鱼上"。另，照散文大家梁实秋的切身体会，调汁"不要多，也不要浓，要清清淡淡，微微透明，上面可以略撒姜末，不可以加葱丝"，以保持原味为佳。

　　这道菜原本是一鱼两吃。《西湖词》云："味酸最爱银刀脍。"《望江南》亦云："泼醋味鲜全带冰。"换句话说，大尾草鱼的中段部位，可用醋熘，可片鱼生。只是近人基于卫生上的考虑，早已不尝河鲜批的生鱼片了。又，烹烧此鱼，需用微酸带香的浙醋，才能得其真髓，以他醋为之，就不对味啦！

飞机空运纸包鸡

为了享受一顿美食，有人可以不远千里，专程跑去花都巴黎，寻个米其林评鉴的餐馆，尽情体会异乡风味。同样地，也有人为了一味佳肴，竟然包架专机，特地从大老远送到晚宴的餐桌上，供宾客们大快朵颐。放眼中国现代史上，这种情形并不多。其中，最为人们所津津乐道的一道菜，就是滋味变化万端、吃法别饶奇趣的广西名菜——梧州纸包鸡。

关于此菜的起源，本身即富传奇色彩。第一说是财主嗜食鸡肴，在重金悬赏下，"环翠楼"的主厨官良，就创制出这一前所未见的美味，从此名震岭南。第二说是民国初年时，梧州的"同园酒家"黄姓老板偶因兴之所至，亲制"纸包鸡"款待亲友，众人食而甘之，叹为得未曾有，其后黄老板再制"纸包鸡"请客，亦获食家好评，于是在商言商，将此珍馐列于菜单内，从此一炮而红。第三说则是它始于清末。话说有一年，西江河水暴涨，有位鸡贩准备运往广东的两船鸡，因水受阻，时值六月炎夏，可能发牛鸡瘟，鸡贩便向梧州"同园酒家"的厨师崔树根求助，崔便创制此菜，由于滋味鲜香，极受顾客喜爱，马上销售一空，成为梧州的首席名菜。

至于纸包鸡的发展，亦有二说可资参考。通说认为官良后应聘至粤西某大酒楼，把原先只用鸡腿、鸡翅抽骨切块的高档品，改成用去头、颈、爪的全鸡制作，走平民化路线，可以单点外卖。因其式样新颖，而且滋味不凡，大受人们欢迎。当时返乡华侨为使家人得尝，便用铁罐焊装此菜（注：中国最早的罐头菜），带回侨居地，纸包装因而在港、澳、新、马、印尼等地大享盛名。另一说则是自"同园酒家"倒闭后，其主厨改聘至"粤西酒家"，以正宗的"纸包鸡"标榜，以至食客常满，生意格外兴隆。

1931 年时，主政两广的陈济棠将军有次在广州宴请贵宾，其夫人建议用纸包鸡飨客。陈遂命人乘专机由广州飞往梧州，购得之后，立刻飞回，成为晚宴的席上之珍，此一大手笔，实食林罕见。

纸包鸡最早用玉扣纸制作，后亦用玻璃纸或铝箔纸，皆要打开包纸，方可食用。有人为了省事，改用糯米纸（即威化纸）包鸡，从此可以直接送口，宾主皆大欢喜。

台北的纸包鸡早年以位于林森北路的"枫林小馆"最擅制

作，打开包纸后，鸡嫩酱醇，芳郁鲜美，乃下饭佐酒之妙品。并与该店拿手的盐焗虾、芋泥香酥鸭、中式牛排、脆皮豆腐、柠檬鸡、京酱排骨、牛腩煲等齐名。自"枫林小馆"歇业后，其后人及大厨，遂在东丰街另起炉灶，易名为"彭家园"（注：原主人翁姓彭），尚能维持风味。诸君如对纸包鸡有兴趣，到此一膏馋吻，应可列为首选。

乳酿鱼的新版本

盛唐之时，朝廷大臣升官，照例要向皇帝进献一席珍馐，号称"烧尾宴"，这个取自鲤跃龙门、烧尾化龙典故的宫廷名宴，一向珍错杂陈，让人目不暇给。不过，其中有一席，尤其精彩绝伦，因而被收录在宋人陶毂的《清异录》中。这席韦巨源进献给唐中宗李显的烧尾宴，计有三十五道菜肴和二十三道饭食点心。而菜肴之内，有乳酿鱼一味，该食单内仅注明"奶汤烩鱼"，至于其烧法如何，则阙而弗录。幸而一代名厨李芹溪详加诠释，终能大显于天下。

李为陕西蓝田人，不仅精晓陕、甘菜点，且旁通豫、鲁、京、川等地方风味菜肴的烹制，其最拿手者，则是汤菜与燕菜。

庚子之乱时，慈禧仓皇出京，迤逦逃至西安，驻跸北院门的都抚府。等到大局稳定，便开始享受起来。当时陕西名厨李片溪，即在承包御膳的"明德楼"里掌勺。他在乳酿鱼的传统技法上，别出心裁，巧为烹制，曾进献给太后享用，受到慈禧的赞誉，还下旨褒美嘉奖，并亲书一幅"富贵平安"，以为赏赐。此菜后名"奶汤锅子鱼"，由其高徒曹秉钧继承，成为西陲首席名菜，常见之于高档筵席。

20世纪50年代初，名作家老舍来到西安，文人柳青和诗人戈壁舟、柯仲平等专诚为他洗尘，设宴于"西安饭庄"，席中便有此菜。老舍尝罢，随即赞道："我们中国有的好作品，也像这奶汤锅子鱼一样，让人喜爱。"事后，戈壁舟特撰《食鱼记》一文，记载此一文坛盛事。此菜再经这次的揄扬，立刻水涨船高，号称"西秦第一美味"。

这道菜是以鲜活的鲤鱼为材料，在整治洗净后，先片成两片，切成瓦块状，放进油锅煎。接着下葱、盐、奶汤烧沸，再下火腿片、水发玉兰片及香菇片，改用中火炖约两分钟，然后盛入铜锅子（注：亦可用不锈钢锅）内，加盖上桌，最后再点燃置于锅下的酒精炉即成。其汤色如乳而鲜香，鱼肉则细致滑嫩，取出蘸姜、醋汁而食，胜在味爽而隽，几乎入口即化。此外，吃超过一半时，可续添奶汤，加豆腐再沸；最后连汤带料，全部吃个精光。食罢全身暖和，感觉通体舒泰，实为冬令佳肴，既经济又美味，且有独到风味，不论佐饭下酒，都是上好滋味。

奶汤是此菜的灵魂，李氏的汤头好，不愧第一把手。非但善用鸡架、鸭架、肉骨等荤料制汤，并杂用豆芽、大豆、黄花菜等素料，在综合运用下，所吊之汤极棒，已成今日主流。诸君观赏日本饮食节目《料理东西军》时，其名厨及业者莫不承袭此法，只是搭配之料略有差异而已。

孙中山的食疗观

　　孙中山先生毕生奔走革命，不太讲究饮食，然而学医的他，嗜食猪血豆腐汤。有人问他原因，他认为猪血富含铁质，豆腐则有丰富的蛋白质，这两种食材都对人体甚有补益，如果一起煮汤，效果铁定不凡。

　　原来他吃猪血这档子事，出自《建国方略》。孙先生明白表示："吾往在粤垣（即广东省），曾见有西人鄙中国人食猪血，以为粗恶野蛮者。而今经医学卫生家所研究而得者，则猪血含铁质独多，为补身之无上品……盖猪血所含之铁，为有机体之铁，较之无机体之炼化铁剂，尤为适宜于人之身体。故猪血之为食品，有病之人食之，固可以补身，而无病之人食之，亦可以益体。"事实上，中医对猪血亦甚肯定，认为它具有养血补心、健脾益胃的功效；而在临床时，尚可用于眩晕、中满腹胀、子宫颈糜烂等症。

此外，"中国素食者必食豆腐。夫豆腐者，实植物中之肉料也，此物有肉料之功，而无肉料之毒"。此举实比西方人为高，毕竟"西人之倡素食者，本于科学卫生之知识，以求延年益寿之功夫。然其素食之品无中国之美备，其调味之方无中国之精巧"，更何况"蔬食过多，反而缺乏营养"，故有"铠中软玉"之称的豆腐，乃中国食材中的瑰宝。究其实，中山先生的话是有道理的，由于豆腐中的蛋白质属完全蛋白，不仅含有人体必需的氨基酸，且其比例亦颇接近人体的需要，易于吸收。加上其所含的豆固醇能抑制胆固醇，有助于预防一些心血管方面的疾病，可惜其嘌呤含量甚高，凡尿酸高的患者，不宜时常进食。

《建国方略》又云："中国常人所饮者为清茶，所食者为淡饭，而加以菜蔬豆腐。此等之食料，为今日卫生家所考得为最有益于养生者也。故中国穷乡僻壤之人，饮食不及酒肉者，常多上寿。"同时，中山先生以为："夫悦目之画，悦耳之音，皆为美术，而悦口之味，何独不然？是烹调者，亦美术之一道也。"他的这番话，现已得到普世的认同。

准此以观，猪血豆腐汤内，必加蔬菜，就色泽而言，紫、白、绿相间，乃悦目之画面；就营养来说，矿物质、蛋白质、维生素均备，实一营养之食品。吾人经常食此，看着美丽图案，身子受用不尽，想要健康长寿，当在情理之中。

有趣的是，猪血曾有"黑豆腐"的妙喻。原来前台东县籍的"省议员"洪挂，本在当地开了一家专制蔗渣（造纸原料）外销日本的工厂，所以和日本方面往来密切。有一回，他带了几个日本客人去品尝赫赫有名的"卑南猪血汤"。由于日本人不敢吃猪血，他便灵机一动，介绍此乃台湾的"黑豆腐"。日本客人信以为真，吃罢，连声叫好，一碗紧接一碗，竟直至过瘾方休。不过，在此套句邓小平的话，管它黑豆腐、白豆腐，只要有益于人体健康的，都是好豆腐。看来合黑、白豆腐，煮一锅好汤，才真的是"无上妙品"。

四

辑

食林经典大千宴

蜀人张爰（大千）书画精绝，画艺尤为世所称，其晚年以泼墨取胜，并以青绿设色的大气磅礴写意画，鲜明夺目，出神入化，号称"大泼彩"，更是"意在丹青外，力夺造化功"，故能"集众长而自成一派"，至今盛誉不衰。

然而，张氏酷爱美食，本身亦擅烹调，自言："以艺术而论，我善于烹饪，更在画艺之上。"事实上，他对食物的选材和做法，均极讲究，不仅指挥大厨如何如何，还会亲自下厨，舞刀弄铲一番。即使年逾古稀，照样乐此不疲。因而有人打趣地说："若以绘画是张大千的经，那么美食则是张大千的纬了。"此外，张大千的家厨均为顶尖高手，其中又以娄海云及陈健民最负盛名。前者辞厨后，在纽约开饭店，其精湛的手艺，曾让肯尼迪总统夫妇赞不绝口；后者则在东京开设"四川饭店"，既是店东，也是主厨，手艺之佳，惹得日本政商名流趋之若鹜，因而广设分店，在行有余力下，还设立一间"中国文化烹饪学院"，并自任院长。

天性好客的张大千，"只要说到吃"，他的"精神就来了"。因此，他除亲炙诸般美味，如酸辣鱼汤、木耳生炒牛肉片、牛肉面等脍炙人口的肴馔外，更匠心独运，一方面将塞外的"手抓羊肉"，取其意借其名，创造了"手抓鸡"这一佳肴，成为"大风堂"的名菜之一；另一方面则是把湘菜的"辣子鸡丁"成功地转换成带有川味色彩的"大千子鸡"。尤令人啧啧称奇的是，此菜因海峡两岸厨师不同的处理方式，风味居然大相径庭，简直不可思议。

张府的菜单，皆大千手书，于笔力雄浑外，尚可一窥其佳肴及饮食好尚。因此，他的菜单，就成了食家及收藏家搜罗的对象。至于打着"大千菜"之号以广招徕的餐厅，我前后品尝过"大千食府""老莱居""大千食谱"等数家，或嫌匠气，或不入流，或失旨趣。总之，就是不对味儿，谓之东施效颦，倒也差堪比拟。

若论当世最能诠释"大千菜"，进而成形为"大千宴"者，非有"儒厨"称号之陈力荣莫属。陈氏开设的"上海极品轩餐厅"，以擅烧上海的外邦菜扬名，他本人并不以此自满，为了提升厨艺，效法大千先生以艺术家的法眼，施之于烹饪上，"当浓则浓，该淡则淡"、旗帜鲜明的理念，成立"炼珍堂饮食文化工作室"。

非但演绎诸般菜色，而且添加自己创意，形成自家烹调艺术，终而大放异彩，谱成食林传奇。其大千菜取径甚广，系从张氏的五张食单中撷英取华，遂博得商业巨子林百里等人的青睐，一再光顾。近日其所烧的一席"大千宴"，计有六一丝、绍酒燶笋、椒麻腰片、炒明虾球、大千子鸡、姜汁豚蹄、七味肉丁、素脍（素黄雀）、糯米鸭、葱烧大乌参等十道菜及豆泥蒸饺、煮元宵二点心，食者无不满意，叹为十二惊奇。

曾经营"春天酒店"、本身亦擅烹调的何丽玲小姐，对前三者特别喜爱，且对六一丝及燶笋情有独钟，誉之为"养生菜"。而有"甜心主播"之誉的丁静怡小姐，亦对椒麻腰片及大千子鸡推崇备至，觉得此宴无一道不好吃，十分可口。

六一丝是张大千六十一岁赴东京举办画展时，由陈健民挖空心思所创的经典名菜。此菜由六素一荤组成，起初的六种菜蔬，分别是掐菜（绿豆芽摘头去尾）、玉兰片、金针、韭黄、香菜梗及芹菜茎，一荤则是金华火腿。不论食材荤素，一律切成细丝，旺火烩成一盘，色泽五彩缤纷，清爽适口不腻。大师极为欣赏，食罢拍案叫绝，以此启迪灵感，自行再加变化，竟用类似食材，烹调成"六一汤"。

中国浙江的天目山笋，举世知名。大千独具慧眼，认为台湾上好的绿竹笋，并不在其下，或恐过之。陈力荣取当季的绿竹笋尖，以冰糖、酱油膏、绍酒调制的酱汁，经长时间炖卤，

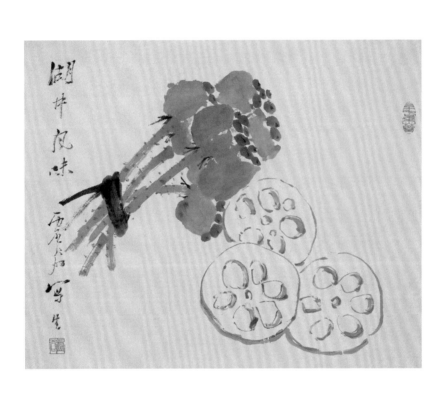

俟其完全入味，才算大功告成，其质脆汁迸的滋味，诚非笔墨所能形容。至于其他各菜，囿于篇幅，只好从缺。

由此观之，诸君欲品享"大千宴"，非赴"炼珍堂"不可。

首席年菜佛跳墙

每届年关，各种年菜纷纷出笼，其中人气最旺的一道，莫过于佛跳墙了。不仅市场（含传统市场及超市）有现成的佛跳墙（注：通常都是迷你的，大半附有容器，便于外带及加热）供应，而且各大观光饭店及大型餐馆，亦推出各式各样的佛跳墙应景。五花八门，名目繁多，习见的，则有养生滋补佛跳墙、药膳佛跳墙、九华佛跳墙、排翅佛跳墙等。其售价之高，每使人咋舌，曾有过一瓮索价，竟高达两万五千新台币之谱的。就我个人而言，只求味美料实，绝不去赶时髦，于是乎能染指的，实在屈指可数。往年常去品享的，乃位于台北市锦州街的"美丽餐厅"，而今则独钟"三分俗气"在年节始推出的佛跳墙，料精味醇，美不胜收。

关于"佛跳墙"一词，最早见于宋人陈元靓的《事林广记》一书，其烧法类似北方菜的干烹肉。而在一般人的印象中，此菜之得名，其原因有二。一是因为此菜太香，香得连我佛都失去定力，竟跳墙去偷吃了。这话毫无根据，应是望文生义。另一说法则是出自连横（注：《台湾通史》作者，乃连战的祖父）的《雅言》，云："佛跳墙，佳馔也；名甚奇，味甚美。福州某寺有僧不守戒，以猪肉、蔬、笋和酱、酒、糖、醋纳瓮中，封其盖，文火熏之，数时可熟。一日为人所见，僧惶恐跳墙而逃，因名之曰'佛跳墙'，台湾亦有此馔。"此说实不知其所本，但此菜由清末传入台湾，倒由此得到佐证。

原来当下佛跳墙的雏形，来自明代宫廷的"烩三事"，载于太监刘若愚所撰《酌中志》，他在"明宫史·饮食好尚"一节云："先帝（指明神宗）最喜用炙蛤蜊。……又海参、鳗鱼（即今之鲍鱼）、鲨鱼筋（即鱼翅）、肥鸡、猪蹄筋，共烩一处，名曰'三事'，恒喜用焉。"这个以小火煨烩而成的宫廷大菜，最后"飞入寻常百姓家"，成为民间的绝妙好菜，以出自中馈的为上品。

到了清穆宗同治年间，福建官银局的某长官，有回在家宴请他的顶头上司布政使周莲，席间有一用绍兴酒坛煨制的佳肴，滋味非常特别，周莲食罢，赞不绝口。回到衙内，便要其主厨郑春发依式制作，只是吃了几次，就不怎么对味。周莲于是亲自带领着郑春发，向某长官的内眷请教。郑学得之后，觉得尚有成长空间，经潜心研究后，另在主料里增添山珍海味，并改进一些烹饪技艺，滋味从此更胜本尊。

待郑春发辞厨后，与友人合资创设"聚春园餐厅"，继续在此菜内充实食材，主料扩增至二十余种，辅料亦有十来样，仍用绍兴酒坛煨制，并命名为"福寿全"或"坛中宝"，一直是店内的拿手好菜，堪称镇店之宝。

一日，几个在此用餐的秀才，想吃点新花样，便问堂倌是否有别致的菜。堂倌便捧了个大酒坛放在桌子正中央，并用炭火加温。结果乍一启封，立即满室飘香，令人陶醉不已。一举箸送口，即味道鲜醇，其质地软嫩，能入口就化。众人纷纷叫好，一秀才即席吟："坛启荤香飘四邻，佛闻弃禅跳墙来。"举座无不称妙。毕竟我佛静坐，万念俱空之余，竟会闻香弃禅，甚至跳墙求食，实已将此菜的魅力，描绘得淋漓尽致、生动有趣。有人就建议郑春发，不如将它改名为"佛跳墙"，以广招徕。

郑乐得弃俗从雅，为了推广此味，他又加以改良，在主菜佛跳墙之外，另加酱酥桃仁、糖醋萝卜丝、麦花鲍脯、醉香螺片、贝汁鱿鱼汤、香糟醉鸡、火腿拌芽心、冬菇豆苗八碟，点心为银丝卷与芝麻烧饼，甜食则是冰糖燕窝，合成一桌佛跳墙全席。推出之后，大受欢迎，食客如织。从此之后，佛跳墙成了福建首席名菜，日后并流传至台湾，成为早年筵席及办桌必不可少的一道大菜。

年菜讲究好口彩。佛跳墙除了原有的"福寿全"这个象征性的好口彩外，有人纯用海味制作，号称"海中宝"；香港人取的名字最有意思，管它叫"一团和气"，代表着一款菜肴中，即使有多种食材，照样能够感情融洽、和睦相处，春节之时，尤需如此。是以台港两地，每逢过年时节，佛跳墙经常一枝独秀，成为家家户户必备的一道特殊年菜。誉其为首席，非溢美之词。

"三分俗气"的佛跳墙，入汤准确，不论时间和火候，都拿捏得刚刚好，以至煨得够透入味，食材无不软嫩松糯，相当耐人寻味。而在除夕夜围炉，一直到元宵夜时，阖府团圆，绕瓮而坐，热气直冒，众筷纷举，那股快乐劲儿，实非笔墨所能形容。

可登大雅的蹄髈

猪蹄髈真是个好东西，不仅是市井美食，而且可以登席荐餐，甚至在国宴上露脸。从古至今，不乏珍馐。

南方人叫的蹄髈，北方的方言称"肘子"，它是猪的前后蹄靠上肢的一段上肉。此部位瘦多肥少皮厚，瘦肉钻心如圈，筋多且富胶质，滋味格外鲜美，只要烹调得法，无不惹人垂涎。远的且不说它，像《金瓶梅》内，就有"水晶蹄"；《红楼梦》内，亦有"火腿炖肘子"；爱新觉罗浩所撰的《食在宫廷》中，更有"苏造肘子"。由此亦可见能"健脾益气，补肾填精，开胃消食，通乳下气"的猪蹄，是多么引人入胜了。难怪清代大美食家袁枚，在他的旷世名作《随园食单》内，即载有"猪蹄四法"，制法多元，无一不妙。

在此且先谈谈与镇江肴肉、无锡肉骨头共享"江南之娇"美誉的丁蹄。这蹄相当不俗，非但远销东南亚及欧美各国，深受海外人士青睐，并曾在二十余国所举行的商品博览会上获奖。1954 年时，更在德国莱比锡举办之博览会上，荣获金奖，一举成名天下知。

丁蹄全名"枫泾丁蹄"，它原是清文宗咸丰年间，江苏省金山县（现隶上海市）枫泾镇由丁氏夫妇（注：一称兄弟）在张家桥边所开设"丁义兴酒店"的镇店之宝，这款由冰糖等红烧出来的蹄髈，滋味堪称一绝，人们为了崇扬其美味，故将丁氏之姓冠于蹄髈之上，简称"丁蹄"。

话说酒店成立之初，生意一直不好，眼看就要倒闭，丈夫终日愁眉不展，其妻乃烹制家传的冰糖红烧蹄髈，聊供夫君解忧。没想到做丈夫的，一尝到此一香味扑鼻的蹄髈，马上想出救店良策，遂在门口张贴大红告示，写着："本店重金礼聘名厨，精制冰糖红烧蹄髈，数量有限，请早光临。"消息不胫而走，很快传遍镇内。当大伙儿尝到红通透亮、皮细肉滑、完整无缺、久食不腻的佳肴，无不个个称妙，于是哄传各地，每天座无虚席，生意扶摇而上。

丁氏伉俪并不以此自满，几经改良之后，选料更加严谨，除用太湖良种猪的后腿外，更采用嘉兴"姚福顺"特制的酱油、苏州"桂圆斋"顶级的冰糖、绍兴的花雕酒，以及适量的丁香、桂皮、生姜等为原料，经柴火三文三旺后，焖煮而成今日这个棕亮油润、酥而不烂、肥而不腻、甜咸适度、热食酥透浓香、冷尝鲜腴适口的形式，既为酒席上的佐餐佳肴，同时也是馈赠亲友的无上佳品。于是清末时期满汉全席将之列为珍品，自在情理之中了。

而今想要吃到这款相近的美味，莫过于台中的"老辟厨房"，此尤物亦可宅急便，足可供应各方需求，可惜今已收摊，令人扼腕而叹。

能将丁蹄改头换面、另铸新意的菜色，当以"天坛"的红烧圆蹄为最。店家用"敦"（注：类似焖炉的陶制古烹具）将苹果泥煨蹄髈六个小时后，盛盘上桌。其外观红通油亮，浑圆完整无缺，皮Q爽肉不柴，肥油消融殆尽，配上卷曲成环的白色面线、色呈朱红的小红萝卜及青绿带翠的青江菜，排列齐整，颜色灿然，望之甚美，食味极佳。据说食量大的，还可独自食个红烧圆蹄而不抬头哩！

曹雪芹生于富贵之家，才会晓得以"火腿炖肘子"供王熙凤食用。其实，自古即富庶的扬州，在烧蹄髈时，还会辅以金华火腿的蹄髈部位，取名为"金银蹄"或"金银蹄髈"。由于鲜猪肉煮熟后，皮变银白色，火腿皮则呈金黄色，加上汤中同见金银二色，象征着吉利富贵，因而得名。此外，为了让汤头更加鲜美，当地的庖厨还会放些鸡、鸭、猪骨之类的与之同煨，其中又以鸡最常见，故"金银蹄鸡"乃一件非同小可的大菜，等闲不易吃到。早年台北的"鸿一小馆"主厨包妈妈以全鸡、元宝及火朣烧成的"一品锅"，即其遗韵；但若论及领袖群伦，必以位于宏国大厦之后的"聚丰园"称尊，其金银蹄鸡汤料两胜，唯已成绝响。

　　"聚丰园"的原老板张万利，后另创设"你的厨房"（现已歇业），以新江浙料理自居，仍有供应金银蹄，汁醇味鲜，皮酥肉烂，金银俱入化境，好到无以复加。然而，店东因其制作费时，以致菜单未列。想要尝到极品，得事先预订，至于他日是否能吃到，还得看阁下的造化了。

品享白干新境界

近些年来，我和金门特别有缘，已去了十六七次，除遍尝各式各样的佳肴美点外，最重要的则是喝了好些顶级的高粱酒，荡气回肠，好不快活。

在明朝称"烧刀子"的白干，乃金门高粱酒的老祖宗，由于入口呛辣，"不啻无刃之斧斤"，深受武夫辈及劳动阶级的欢迎。只是酒质不纯，刺激性又极强，难入文人雅士法眼，是以流行于市井间，一直无法登堂入室。

有"战地公园"美誉的金门，曾驻扎十万以上大军，其天气则春雾弥漫全岛，夏日酷暑难挨，一旦到了冬天，寒风袭体哆嗦，加上任务需求以及地狭人稠，多半住在坑道，虽然冬暖夏凉，但是湿气特重，故需烈酒甚殷。金门盛产之高粱酒，在因缘际会下，造成一片荣景。不仅当地官兵狂饮，且是重要的伴手礼，纷纷转进台湾各地。于是乎既藏酒于军，更藏酒于民，遂使金门高粱酒执台湾白酒之牛耳，盛况至今不衰。

　　早年金门高粱酒的酒力强劲，入口激飙爽冽，尤较今日为甚。当时物资缺乏，每届夜阑时分，想要雅上两杯，只有自己动手。我最常消受的方式，就是泡碗面，里头打个蛋，就着罐头吃。纵使简单少料，倒也其乐融融。等到回台湾本岛后，起先的小酌聚饮，都会以卤味（包括豆干、海带、猪耳朵、牛肉、牛筋、猪大肠、兰花干及蛋等）、花生等权充下酒菜，手头如阔绰些，炒几个下酒菜，最后上个热汤，甚至叫个火锅，也就心满意足了。直到饮食功力更上层楼，研究酒菜间的搭配，便成为我的兴趣所在。

　　基本上，金门高粱酒与肉类菜最搭，卤的和炸的固然甚好，但炒的、爆的、熘的、烤的、红烧的等等，亦无一不佳，像川、湘菜中够味的回锅肉、麻辣子鸡、宫保鸡丁、蒜苗腊肉、东安鸡、苦瓜肥肠、左宗棠鸡、彭家豆腐、鱼香肉丝、家常牛肉丝、陈皮牛肉、大千子鸡、熊掌豆腐、麻辣烫等，都是上选，让嗜杯中物者，无不大呼过瘾。末了，再来口热汤，真个是快乐似神仙，乐此不疲。

　　金门一些当地的佳肴，亦是下高粱酒的珍物。比方说，由回锅肉演变而成的蒜仔肉或具草根性的酥炸排骨、笋烧蹄髈、芋头烧肉、香茄肥肠等均是。水族中的，则以腌蟹、蚵煎、炸蚵卷、人汤黄鱼等较佳，颇能诱人馋涎。

　　最近我有个新发现，原来以清香为主体香的金门高粱酒，亦与水族类有不解之缘，如果搭配得宜，尤能引人入胜。现且就"联泰餐馆"的红糟花枝、油条虾泥及"阿芬海产店"的香芋软蟳、三杯脆肚、海鲜粥等海味，一并探讨白干与海味间所谱出的交响乐。

"联泰餐馆"以烧传统佳肴著称，物美而廉，颇受欢迎。其红糟花枝真是好哇！红中透白，糟味够，质爽脆，镬功亦好，下酒极棒。油条虾泥则是其新创菜色，虾泥即广东人所谓的虾胶、虾茸。它是个"百搭菜"，可和各式的食材配搭成菜。金门的油条与台湾本岛的有些差异，但味更胜，亦富嚼劲。将油条斩块，其上涂以虾泥，码好味后，干炸成菜，由于咸鲜入味，百吃不厌，佐以白酒，能得风神。

"阿芬海产店"走的是精致海产路线，有粗料细做者，亦有细料武火者，味道确实不错，难怪食客如织。其香芋软蟳，所用的为软壳蟹，芋则切条酥炸，前者爽而糯，后者酥而香，口感出奇地好，以此下酒，真是好吧！脆肚用的是各种中、小鱼之肚，以三杯的手法烧制，果然滋味特出，入口爽脆有劲，且有音效助兴，让人爱不释口。我一只鱼肚一口酒，打个通关不罢手，甚能领略两者的相得益彰。

海鲜粥本为寻常物，但店家用料多，功夫够，能耐人寻味。在酒足菜将饱之际，取此呷上一两碗，保证兴高采烈，"饱得自家君莫管"了。

老实说，饮罢使人豪气陡生的白酒，既适合围桌畅饮，也宜于自斟自酌。我以往在喝高酒度的金门高粱酒时，常以禽兽肉的料理品享，风味之佳美，固不在话下，今儿个无巧不成书，改用海鲜当下酒菜，居然将其主体香的乙酸乙酯和乳酸乙酯发挥得淋漓尽致，这种全新体验，总算识得庐山真面目，得其"味外之味"了。

南北烤鸭大会串

几年前，北京的"全聚德烤鸭店"以其响彻云霄之名，挟着万钧之势，首度来台献艺。在媒体造势下，顿成瞩目焦点，引起连珠般回响。我则因缘际会，先尝华丽套餐，并以轩尼诗XO及1865珍传酒佐食，酒醇鸭香，相得益彰。

当下的烤鸭，起源自东京（今河南开封），定型于金陵（今江苏南京），大盛于北京。而金陵的烤鸭，实具关键地位，以"烫得透、抹色匀、吹得干、烤得匀"著称。所谓烫得透，是指鸭坯在上叉后，要经沸水浇淋，一定要烫到皮绷紧为止；接着进行抹色匀，即趁热抹上饴糖，均匀地抹遍全身；随后将此鸭坯，放于通风口吹干，使其烤熟后，皮脆而不卷曲；最后的烤得匀，乃指在烘烤时，火力一定要小而均匀，先烘其两肋，再烘其脊背，最后再烘鸭脯。此时，既要将鸭子烘至九成熟，而又不可使鸭皮全部上色，等鸭坯在大火上烤至皮色金黄时，边烤边刷上一层麻油。唯有如此，才能达到其香、脆、鲜、酥、嫩、光的风味和特色。然而，这指的是叉烤；另，鸭子尚有明炉（挂炉）和暗炉（焖炉）两种烤法。

烤鸭的技术，自明代"靖难"之后，便随着明成祖来到北京。经近三百年的发展后，开始扬眉吐气，起先由清宫看膳房下设的"包啥局"（满洲语，意为下酒）负责挂炉猪和挂炉鸭，制成后片皮上席，称为"片盘二品"。自乾隆皇帝独尊挂炉鸭子后，食烤鸭成为风气，而且价格甚昂，所谓"筵席必有填鸭，一鸭值一两余"，即是其具体写照。

首先在北京扬名立万的，乃"便宜坊烤鸭店"之焖炉烤鸭，焖炉鸭之法，来自明宫廷，别名"南炉鸭"，其味极美，号称"京中第一"，嗜之者趋之若鹜。等到杨寿山（字全仁）在同治三年创建"全聚德烤鸭店"时，为了互别苗头，改用清宫之法，制售明炉烤鸭。

烤制明炉鸭之前，要经过宰杀、去毛、打气、开膛、燙皮、涂糖、晾皮等工序。比如"打气"，即是将鸭身吹鼓，为的是使鸭皮绷起，无皱纹，所烤出来的鸭子，才会外皮光亮，颜色一致，入口即酥。只是打气早已由口吹改成气泵了。"涂糖"则是往鸭身上洒饴糖（麦芽糖）水，使烤出来的鸭子色泽枣红、味道甜香。且鸭身入炉之前，还要从其体侧刀口处，灌入八成满的开水，这样子入烤炉后，鸭身一旦波火烤，腹内即开水沸腾，形成"外烤内煮"之势，此即全聚德挂炉烤鸭之所以外酥里嫩的"秘诀"所在。

又，以往的挂炉烤鸭，均以质地较硬的枣木、杏木、桃木等果木烤制，既取其果香，再则取其火旺无烟。不过，此法已为北京市政府明令禁止，故现在全改用向德国订制、一次可烤四十只鸭的大型电烤箱了。

此外，金陵的烤鸭在北传之时，亦向南传至广东，此即广州及香港卖"金陵片皮大鸭"的由来。然而，今日台湾粤菜馆所售者，却称之为"广式片皮鸭"，让人搞不清今夕是何夕啦！另，抗战期间，金陵烤鸭的技术，也随着政府传往四川，质不变而名异，被称为"堂片大烤鸭"。

这回全聚德在台北远东饭店"香宫"所推出的"名人套餐"，主秀当然是烤鸭。但见其师傅片鸭的架势，已得"小如钱而绝不黏肉"的真髓，望之满盘油亮、枣红，入口片片酥糯、味美。可惜作秀大于实质，温度没拿捏好，以致脆度不够，多食会腻，幸好荷叶薄饼（注：老北京称其为"片儿饽饽"）做得极佳，薄带咬劲，卷上鸭皮或鸭肉，再伴以葱段、甜面酱，食之甚有风味。

事实上，"香宫"本身亦擅烤鸭（注：广式片皮鸭），鸭身巨硕，色泽明亮，改以蒸全麦薄饼夹食，食之清爽，有味外之味。除此而外，我亦尝过西华饭店"怡园中餐厅"所制作之广式片皮鸭，其鸭在烘烤前，会先在鸭腹内刷上用姜、葱、糖、八角、甜面酱所制成的酱汁，乃其特色。诚然万变不离其宗，尽管它采用挂炉而不用烤箱，但鸭子少了填这道工序，终究不是那个味儿。

十里洋场贵妃鸡

　　起源于上海的贵妃鸡，是一道熔中西烧法于一炉的佳肴。此菜因八年抗战西传入四川，成为著名川菜；其后又辗转传往北京，变成一道京馔。不过，北京菜是以全鸡制作，虽与上海菜及川菜皆寓有贵妃醉酒之意，但总及不上用鸡翅制作的后二者来得逼真生动，食之兴味盎然。

　　话说沿江滨海的上海，港汊纵横，渔产丰饶，加上禽兽和各种菜蔬四季不绝，为烹饪业者提供了可观的素材，随着经济发展，逐步形成自主性强的地方风味，当地人特称其为"本邦菜"，以别于后来另成一格的"外邦菜"。

　　自鸦片战争后，上海对外开埠，发展至为迅速，号称"十里洋场"，一跃而成国际都会。在中外客商云集下，全国各邦之菜涌入，达十六个之多，宛如什锦拼盘，让人目不暇给，此即所谓的"外邦派"。在经过长时间的融会交流、整合改造后，遂造就璀璨的上海菜，味走清淡，讲究层次，有美皆备，此即后人艳称的"海派菜"。此菜系约在20世纪30年代达到最高峰，"海派川菜"即为当中重要的一支。

贵妃鸡是由上海"陶集春川菜馆"名厨颜承麟等创制。它的原名叫"烩飞鸡"或"砂锅京葱鸡翅"，此新创菜色，带有浓郁的京葱味和葡萄酒香，深受文人墨客及各方食家的喜爱。沪上的一些川菜馆见状，纷纷提供此菜，蔚成一股风潮。有位食家甚嗜此美味，当时京剧泰斗梅兰芳正以一出《贵妃醉酒》走红全国，他由此引发联想，把鸡翅充当成舞姿曼妙的玉臂，上面附着的京葱，则象征着翩翩的水袖，而沉浸于扑鼻的酒香时，不正是杨贵妃醉酒时的感觉吗？乃提议将菜名"烩飞鸡"取其谐音，改为"贵妃鸡"，座中客无不称妙附和。从此之后，贵妃鸡之名遂不胫而走，成为十里洋场的叫座名菜之一，风靡于世。

制作此菜，须先把鸡翅入炒锅中，煸炒至断血时，即倒入漏勺。接着把京葱段煸成金黄色，再将鸡翅回锅，加料酒、酱油、清水、糖及拍松之姜块烧沸。撇去其浮沫，即倾砂锅内，加盖封严，以微火焖酥。待拣去姜块后，改用大火收汁，并倒入红葡萄酒。等完全盖好后，原锅上桌供食。我曾尝过此菜，口味馥郁，酥软鲜嫩，确为妙品。

有一次，我将贵妃鸡的风味，告诉"上海极品轩餐厅"老板陈力荣。他觉得此菜还可变些花样，就将鸡翅截头去尾，只留腴嫩中段，起出里面骨头，塞入切段青葱，再用酱汁卤透，滴红露酒增香。酥软入味，香美可口，热食固然甚好，冷吃也别有滋味，可登大雅之席，让我赞不绝口。至于鸡翅头尾部分，则用枸杞和绍酒制作醉鸡，滋鲜味爽，食味津津。

　　人的想象力至大，充满着无限可能，在名厨的慧心巧手下，极为寻常的鸡翅，既能成席上之珍，又变化出各种面目，怎不令人拍案叫绝！

　　　　　　　　　　　　　　　　　　　　　　味外之味

三楚粥品夸岭南

长沙岳麓书院的正门口，悬挂着一副对联，上面写着："惟楚有材；于斯为盛。"把这儿说成是天下英才的荟萃之地，口气之大，世罕其匹。然而，事实胜于雄辩，倒没有人认为名过其实。毕竟，这里不但造就了曾国藩、左宗棠等中兴将相，也培育了王闿运等一流学者。光就中国的近代史观之，的确也是当世无双。

约在民国初年，几个湖南人选在广州的十七铺开了一家以粥品著称的"三楚湖兰馆"。其中，最为人称道的是猪肉丸粥。此粥妙绝一时，套句香港人的词儿，"确属一流"。此后，接连在旧豆栏开设的"菩萨茶室"和在长堤开张的"绮霞酒家"，虽然所熬的粥亦受食家赞誉，但纯以粥的味道而言，即比"三楚湖兰馆"逊色。显然强龙硬是压过地头蛇，直让三楚人士在岭南独领风骚。

煲粥多用白米，且以新米为优。由于陈米不够白，既乏卖相，复少黏性，故一些生意好的粥肆，或有口碑的摊档，皆弃而不用，以免砸了招牌。粥品一般可分成三种：素的有明火白粥、老冬瓜荷叶粥及甜粥等；可荤可素的，则有米砂粥、熟米粥和爽米粥等；荤粥品目最繁，其著者有及第粥、艇仔粥、鱼云粥和牛肉丸粥、猪肉丸粥等。而在所有的荤粥中，除水、米之外，还得加点其他作料，如江珧柱（即干贝）、猪大骨、大地鱼等荤料一块儿熬汁做底，行话称为"粥底"。且这粥底作料，待其鲜味释出，通常都会舍弃，除非另有妙用。

"三楚湖兰馆"煲粥的粥底，用料别出心裁，以猪大骨、火腿骨与江珧柱等为主。当江珧柱在未煲至汤渣而爽滑正嫩，尚留鲜味之际，即先行捞出，弄成碎丝后，便充作其名品猪肉丸的部分材料，先与肉臊混，再持续搅打，使合而为一。故其滋味特鲜，嚼感尤其松嫩，远非凡品可比，由是傲视群伦，稳居一哥地位。

另，"菩萨茶室"和"绮霞酒家"的粥底，则去火腿骨，改用大地鱼，其味亦甚鲜，惜味走轻灵，虽淡而雅，却少醇厚味，终逊其一筹。究因大地鱼容易取得，现仍为广州、香港和澳门的食肆、酒家所取法。

目前以"粥面专家"标榜的食肆颇多，却少在底上用心，徒以哗众取胜，令人不胜唏嘘。看来"三楚湖兰馆"的极鲜至美之味，已成广陵绝响，只能留待后人追忆了。

热辣麻烫水煮牛

　　川中名肴水煮牛肉，原是四川自贡地区著名的地方风味，以黄牛肉在卤汤中煮制而成。其麻辣烫嫩、鲜香适口的滋味，深受饕客欢迎，享誉大江南北。

　　这款牛肉菜之所以出现，实与井盐的生产有着密切的关联。早在战国时期，巴蜀就成了中国井盐的主要产地。起先是大口浅井，全靠人力采卤。后来随着凿井技术的不断发展，到了北宋初期，荣州（包括今自贡市贡井区一带）已出现井口小、井身深、卤水多的竹筒井。

　　此井无法以人力采卤，于是改用畜力，尤其是牛力车采卤。从此之后，牛成了井盐生产中的主要动力。当时的自贡，号称是"山小牛屎多，街短牛肉多，河小盐船多，路窄轿子多"，大量生产井盐，营销中国各地。

　　而牛的多少，则是盐业兴衰的重要标志。清代咸丰到同治年间，自贡盐业鼎盛时，即有盐井五千余眼，役牛数万头。长久以来，役牛的更新，一直为当地之饮食业者提供了丰富的牛肉资源，由于淘汰的役牛数量多、价格低，牛肉自然成了盐工们的主食。光是一个小小的自贡，经营牛肉的店铺至少有五十家，简直成了"牛街"。

最早的水煮牛肉，只是割一块牛肉，洗净之后切片，投入罐内滚熟的盐水中，加花椒或几只干辣椒煮熟来吃，觉得麻辣够味，遂在民间流传。后经历代厨师改进提高，已与原制大不相同。等到 20 世纪七八十年代，水煮牛肉已成川中名馔，还曾经大大露脸，为有"一菜一格，百菜百味"之称的川菜扬眉吐气一番。

事情发生于 1988 年 5 月，在第二届全国烹饪大赛上，四川名厨刘大东以水煮牛肉献艺，成品色泽红亮，肉质细嫩，麻辣烫鲜，辣香四溢，因而技惊四座，出足风头，载誉返川。此菜于是名播五湖四海。

当下制作水煮牛肉时，先把黄牛肉洗净切片，盛于碗内，另加盐、料酒、湿淀粉拌匀。接着把蒜苗、青葱切段，莴笋切片备用。炒锅置旺火上，下菜油烧至滚烫，入干辣椒段炸到色呈棕红，随即下花椒、豆瓣酱煸炒，再下葱段、蒜苗段、莴笋片炒匀。然后添肉汤，烧至七成熟，下牛肉片，以筷划散，待肉煮到伸展发亮，即起锅装碗，淋上辣椒油，撒花椒粉即成。如见花椒颗粒，就是技不到家。

由水煮牛肉衍生而成的水煮鱼，用的是草鱼片，细嫩或有过之，但一见土味和鱼刺，即成下品。每当品尝水煮牛肉时，我必请店家另煮一碗去汁白面条，食毕了牛肉，再下面条，呼噜顺喉下，登时全身暖。若论荡气回肠，无菜可出其右。

救急名馔太后赞

清朝末年，山西晋城出了一道救急菜，虽其起源说法不一，但因融入地方特产，以至成为山西省名菜。既经济且实惠，颇富地方色彩，理当记上一笔。

第一说甚平凡。原来当地出现天灾，禾麦颗粒不收，百姓无以为生，乃取现成的野生大葱，加上栗子，煮一大锅果腹，聊以充饥度日；后经厨师添入猪肉丝等辅料，遂成可口佳肴，于是流行全省。非但平日享用，还能当筵席菜。

第二说精彩多了。当八国联军攻入北京，慈禧仓皇逃往西安，打算路过泽州（今山西晋城），先遣人员早至，谕州官备"御膳"。州官急令家厨烧四个菜献上。厨师烹完三道菜后，发现厨房只剩下大葱（注：晋城巴公乡盛产大葱，乃山西著名的特产。此葱长尺余，葱白肉厚心实，具有香浓、辣烈等特点，乃葱中的上品）和一些栗子，遂急中生智，将两者混在一起烧，一不小心烧煳，又来不及重做，只好大胆端出，内心惴惴不安，不料慈禧食罢，居然赞不绝口。从此之后，山西的厨师们便以此作为基础，进行研究改良，加上肉丝等料，汤鲜葱香，滋味更胜，乃成为山西高档宴会上必备菜肴之一。民间即使料省工减，仍是一道可口的家常菜，方便人们打打牙祭。

制作这道栗子烧大葱时，须将大葱剥皮，除去根须，切去葱头而留葱白，再一切为四瓣，先以开水氽烫，随即沥去水分，下油锅炸至色呈金黄时捞出，再用开水略烫一下，捞入碗内备用。等到葱丝、蒜片爆出香味，即添加猪肉丝（注：酌用牛、羊肉丝亦可）煸炒出锅；另，取葱段、精盐与酱油略炒几下，加调味炒和出锅，盛盘备用。然后将栗子切成片，置于蒸碗内四周，再把炒好的肉丝放入碗正中，其上整齐铺上葱段，撒些开洋、白糖，上笼蒸至熟透，最后将烧好的大葱扣入蒸碗，加适量的高汤即成。

此菜妙在香味浓郁，栗肉细腻，清鲜爽滑。直接食用，味固然妙极，如果充作面、饭的浇头，拌和着吃，也是好得可以。且那葱香四溢、烟烂熟透、腴滑顺喉的绝佳口感，说句贴切点的话，怎一个爽字了得？

家母所烧制的，不用栗子，改以豆腐，省掉蒸的工序，加点咸鲑鱼鲞，先以旺火烧透，接着封严锅盖，再用义火慢炖，色彩缤纷，众味融合，味道鲜到不行。我每见此必不能自已，直吃到饱嗝连连方休。

烧南安子好彩头

曲阜孔府传统名菜之一的烧南安子，名称古怪，口味独特。虽其出处有二，但皆言之成理。第一说为南安子乃中药胖大海的别名。由于此菜烧好后，主料的鸡心和其形状相类，故孔府内的厨师将之命名为"烧南安子"。

另一说则是明世宗嘉靖年间，爆发安南（今越南）之乱，诏令南宁伯毛伯温率部征讨。军行之日，设宴饯行。席间，皇上金口一开，即席赋诗一首。诗云："大将南征胆气豪，腰横秋水雁翎刀。风吹鼍鼓山河动，电闪旌旗日月高。天上麒麟原有种，穴中蝼蚁岂能逃？太平待诏归来日，朕与先生解战袍。"意气风发，不愧佳作，遂被收录于《千家诗》内。世宗赋诗既毕，兴致依然不减，御厨敬献一菜，以往不曾见过，便乘兴问道："这是什么菜？"侍膳的大珰（注：太监首领）为讨好口彩，乃禀报说："这叫'烧南安子'。"世宗闻言大喜，马上下令打赏。

据说此御厨本是山东曲阜人氏，后受聘于孔府，此菜遂在衍圣公府留传下来。

此外，嘉靖皇帝生前虽未去曲阜向至圣先师致祭，但曾颁赐"恩赐重光"御笔匾额一块，至今仍高悬在孔府二门的顶上，故此门便被称作"重光门"。这门一向关闭，只在迎接圣旨及进行祭祀大典时，方才开启，仪式十分隆重。因而孔府保留此菜，亦寓有阖府上下感戴浩荡皇恩之意。

制作烧南安子时，先将嫩鸡心（一般是十个，鸭心亦可用）切去心根，于心尖欹十字刀，置碗中用酱油、料酒略腌。待热油浇淋后，心花随即张开，色呈紫红，形似花朵。接着配以香菇、荸荠及竹笋（三者均须切片），先翻炒均匀，再反扣即成。造型很上相，口感极脆嫩，其弦外之意，尤耐人咀嚼。

我们老祖宗早就明白"以脏治脏""以形补形"和"以类补类"的道理。但西方的医学界却迟至公元 1931 年，才懂得这种细胞（又称组织）疗法。事实上，它的基本理论和近代营养学上的理论相通，乃是运用其他动物同性质的组织器官，来弥补人体本身的不足，使各脏器蛋白质中的氨基酸借由同类相求的法则，予以充分吸收。（按：蛋白质是各器官成形的基本组织，它须经分解成氨基酸后，始吸收入血，再输送全身，任全身各脏器的细胞，取其相近而达到补益效果。毕竟，不同类的氨基酸，该细胞不见得需要。）因此，吃心即可补心。所以，本菜颇有食疗补益之功，或许也是一道"救心"的好料理哩！

满洲点心萨其马

　　在台湾常见的"沙其玛"，关于其名，各地流传极多。它本名"萨其马"或"赛利玛"，有人联想力丰富，谓此点心乃爱骑马的萨将军最爱，故名。又有人称它为"杀其马"，称此一点心为某地人民杀了骑着马的入侵者后，为庆祝其胜利而制作的。香港人则昵称为"马仔"；至于台湾写成"沙其玛"，应是取其音似而省写之故。

　　谈到萨其马的出处，首见于《光绪顺天府志》，其上记载着："赛利马为喇嘛点心，今市肆为之，用面杂以果品，和糖及猪油蒸成，味极美。"名作家周作人的看法，显与前者不尽相同，他所撰写的《萨其马》一文中，即指出萨其马乃满洲音，是一种满人常吃的点心，而且"北京到了冬天，萨其马和芙蓉糕便上市了。《燕京岁时记》云：'萨其马（齐玛）乃满洲饽饽，以冰糖、奶油合白面为之，形如糯米，用不灰木烘炉烤熟，切成

180　　　　　　　　　　　　　　　　　　　　　　　　味外之味

寫絹山之枇杷南州之桃杷
廣州之楊梅皆少此罕見土
也余亦未見摹撦前葦遺餘
稿耳 夢安主人李鱓

方块，甜腻可食。芙蓉糕与萨其马同，但面有红丝，艳如芙蓉耳。'现在南方也有这点心了"。

周文虽已拈出其名称的出处及制作的方法，却未道出其得名的原因。原来制作萨其马最后的两道工序，分别是：切成方块，随后码起。而"切"的满语为萨其非，"码"的满语为玛拉木壁，萨其马显然是这两个名词的缩写。

萨其马的制法为，以鸡蛋清、奶、糖调面粉成糊状，用漏勺架于油锅上，将面糊炸成粉条形，接着在模子中，以蜂蜜粘压成型，略蒸之后，上面撒点芝麻、瓜子仁（注：加青红丝，即为芙蓉糕），用刀切成长方块即成。由于制造时调有蜂蜜，最为滋润，日久不会干燥；且因面中加鸡蛋清调成，过油稍炸，即是中空外直的细条。是以入口松化，几乎不用咀嚼，更因充满着蛋香、奶香、蜂蜜香，形成一种特别之美味，乃其他糕饼所不能比拟的。

自满人入关称帝后，八旗子弟散居各地，经满汉之间不断交流，文化和习俗日渐融合，萨其马遂流行中土，只是译成汉语叫"糖缠"罢了，此可见于《清文补汇》一书。然而，糖缠终究比不上萨其马来得响亮顺口，因此，人们还是习惯叫它本名，一直沿称至今。又，萨其马因与芙蓉糕形状相似，口感雷同，只是色呈金黄而已，所以，有人另给它取个名字，名唤"金丝糕"。

而今港台两地仍有萨其马可食。香港早在20世纪60年代开始流行赌马，相信口彩，好撞彩数，于是对俗称"马仔"的萨其马情有独钟，认为吃马仔可以赢马仔云云。且在老式茶楼饮茶，一度还推出萨其马和虾饺、烧卖一起叫卖，颇受食客欢迎。台湾现仍有不少饼铺供应此甜点，有人别出心裁，硬推出爽脆口感者，真是不伦不类，让人啼笑皆非。

五

辑

筵席在精不在多

中国古代的筵席，起源自祭祀和大典。据说上古的虞舜时期，即开始萌芽，距今已超过四千年。由于它具有聚餐式、规格化和社交性这三大特征，故与一般的家常菜，不论在取材、烧制还是数量上，均有着极为明显的区别。

筵席菜在清朝时，发展至最高峰，档次最高的是官府菜，像孔府的满汉席、全羊席、燕菜席、鱼翅席，即为其中的佼佼者。然而，当时多半只注重形式，很少去正视实质内容。故既是文学大家也是大美食家的袁枚，就对这种徒务虚名的酒席不屑一顾，并在其名著《随园食单》里，大加挞伐，不留情面。他指出："贪贵物之名，夸敬客之意，是以耳餐，非口餐也。"而那专讲排场的"今人"，尤其"慕'食前方丈'之名，多盘叠碗，是以目食，非口食也"。

另，在筵席吃的菜，他最反感的则为"厨人将一席之菜，

　　　　　　　　　　　　　　　　味外之味

都放蒸笼中，候主人催取，通行齐上"，因这种菜的滋味，压根儿比不上"现杀现烹，现熟现吃"。而主人的态度，他也非常重视，痛斥那些"以箸取菜，硬入人口"的人，觉得"有类强奸"。因此，他主张"宜碗者碗，宜盘者盘"；"各用所长之菜，转觉入口新鲜"；"凭客举箸，精肥整碎，各有所好，听从客便"。此外，上菜亦要注意先后次序及客人状况，务必使"咸者宜先"；"有汤者宜后"；"度客食饱，则脾困矣，须用辛辣以振动之；虑客酒多，则胃疲矣，须用酸甘以提醒之"。

袁枚以上的见解，实已启改善既往筵席的先声，但在菜量的改进上，则迟至晚清，方见端倪。据徐珂的《清稗类钞》云："无锡朱胡彬、夏女士（曾担任商务印书馆于1915年创刊之《妇女杂志》的编务工作）尝游学于美，习西餐，知我国宴会之肴馔过多，有妨卫生，且不清洁，而靡金钱也。乃自出心裁，别创一例，以与戚友会食，视便餐为丰，而较之普通宴会则俭。"

她这款新式的筵席大抵为：酒用绍兴酒，每客一小壶，视量自饮；四深碟（形似小碗）分别是芹菜拌豆腐丝、牛肉丝炒洋葱丝、白斩鸡、火腿；大菜则是鸡脯冬笋蘑菇炖蛋、冬笋片炒青鱼片、海参香蕈鞭尖白炖猪蹄、冬笋片炒菠菜、鸡丝火腿冬笋带高汤炒面、冬笋炖鱼圆、栗子萝卜小炒肉、腐衣包金针木耳煎黄雀、江珧柱炖蛋。一汤二点乃鸡血汤、汤团和莲子羹。至于两配饭小菜为白腐乳、腌菜心；最后的水果则是蜜橘。除此之外，每个人的食器为一只酒杯、两双筷子（含公筷）、三个食碟、三把汤匙及一块餐巾。且在进餐中，宜更换四次。如光从菜单的内容和服务的质量来看，的确符合当下经济实惠与自然健康的趋势，难怪渐为国人所接纳，成为上海市筵席的主流格局。

俗话说得好，"宁吃好桃一口，不食烂杏一筐"，筵席理应如此。所以，当阁下赴宴时，撑肚皮的吃法，早已不合时宜；还不如抱着试味的心情，好好去享受一顿美味吧！

绝代双骄两腰花

1997年初，我和大美食家逯耀东夫妇等人，同在港九品尝美食，有次享用的地点，乃地道的北方菜馆"北京酒楼"，由逯老亲自点菜。其中，就有一道核桃腰，这是我平生头回吃到，印象极为深刻，至今难忘其味。

曾在《雅舍谈吃》中读过这么一段，颇有意思。作者梁实秋称："偶临某小馆，见菜牌上有核桃腰一味，当时一惊，因为我想起'厚德福'名菜之一的核桃腰。出于好奇，点来尝尝。原来是一盘炸腰花，拌上一些炸核桃仁。软炸腰花当然是很好吃的一样菜，如果炸的火候合适；炸核桃仁当然也很好吃，即使不是甜的，也很可口。但是核桃仁与腰花杂放在一个盘子里，则似很勉强。一软一脆，颇不调和。"

然而，我所尝的核桃腰，绝对不是"核桃与腰合一炉而治之"的烧法，但也不似梁老所讲的"吃起来有核桃滋味，或有吃核桃的感觉"，而是腰花在软炸过后，刚好断生，卷曲成环，形如核桃。其做法则一如"厚德福"，乃"腰子切成长方形的小块，要相当厚，表面上纵横划纹，下油锅炸，火候必须适当，油要热而不沸，炸到变黄，取出蘸花椒盐吃"。因其必须趁热快食，才能"不软不硬，咀嚼中有异感"，是以不旋踵即整盘扫光，热乎乎的，好不痛快。

梁老并感慨地说："一般而论，北地餐馆不善治腰。所谓炒腰花，多半不能令人满意，往往是炒得过火而干硬，味同嚼蜡。所以，有些馆子特别标明'南炒腰花'，南炒也常是虚有其名。焓腰片也不如一般川菜馆或湘菜馆之做得软嫩。"由此观之，"厚德福"的这道核桃腰，在北地就显得极为出色，足列豫中名菜之林。

另，依他个人的经验，福州馆子最擅长炒腰花，"腰块切得大大的、厚厚的，略划纵横刀纹，做出来其嫩无比，而不带血水。勾汁也特别讲究，微带甜意。我猜想，可能腰子并未过油，而是水汆，然后下锅爆炒勾汁。这完全是灶上的火候功夫。此间的闽菜馆炒腰花，往往是粗制滥造，略具规模，而不禁品尝，脱不了'匠气'。有时候以海蜇皮垫底，或用回锅的老油条垫底，当然未尝不可，究竟不如清炒"。此语很有见地，堪称一针见血。

我后来再度光顾"北京酒楼"，因港府已下令禁食内脏，当然不再供应核桃腰了，惘怅久之。当时，台北尚有一家名不见经传的福州小馆"陈家发"，还能烧出滋味不俗的炒腰花。

它是将猪腰、海蜇皮、回锅老油条和洋葱一起翻炒，再勾酸甜芡汁，嫩脆爽脆互见，惹我垂涎三尺。不过，自该馆歇业，环顾大台北，纵使仍有福州菜馆，但已功夫不纯，绝非昔日佳味，徒乱人意而已。

茶叶蛋的小插曲

　　名作家李敖曾披露一封尘封达四十年之久的信件，那是当年胡适要写给他但未写完的遗稿。在这封信里，胡适对李敖撰写的《播种者胡适》一文提出指正。譬如他说："此文有不少不够正确的事实，如说我在纽约'以望七之年，亲自买菜做饭煮茶蛋吃'，其实我不会'买菜做饭'……"

　　照胡适自己的现身说法，并未否认有煮茶叶蛋之举。只不知他老人家所煮的茶叶蛋，究竟是采用而今通行的酱油煮呢，还是纯用盐同烧的呢？这倒挺有意思，引发我的兴趣，有心就此探讨一番。

　　台湾目前贩卖茶叶蛋的地方甚多，大街小巷均可见其踪迹。依据我的观察，全是以酱油当配料，整锅乌漆麻黑的，滋味虽有好有坏，但就卖相而言，都不中看，尚未送进口中，已先打些折扣。也正因为如此，益发让我想念那以盐烧出且浑身黄明的上好茶叶蛋了。

　　清代美食家袁枚在《随园食单》一书内，收录了当时茶叶蛋的做法，其原文为："鸡蛋百个，用盐一两，粗茶叶煮，两支线香为度。如蛋五十个，只用五钱盐，照数加减。可作点心。"乍看之下，难明其旨。大陆特一级烹调师薛文龙，为了还原其本来面目，经反复研究它的做法后，采用五十枚鸡蛋为主食材，配料为六十克茶叶，调味料则为盐七十五克、绍兴酒三十毫升和四粒八角。而在烹制前，先洗净鸡蛋，"用沸水略煮，捞入冷水中，将蛋壳敲碎，放入沙钵中，加茶叶、盐、酒、水等，以旺火烧沸，加盖，用小火慢煮"。

　　那么烧两支香需耗时多久呢？薛氏为解开心中疑窦，便走访江南一些庙宇，向法师们请教。法师的说法全都一致，即古时寺庙内未置时钟，和尚便以敬香作为计算时间的依据。按：一天分成十二个时辰，每个时辰敬香一支，线香烧尽即时辰毕。以此类推，"两支线香"约四个钟头。故经小火煮四小时后，鸡蛋已"愈煮愈嫩"，食时带壳捞起，现吃现剥为妙。

　　由于火候十足，自然入味壳松，蛋白好似花纹，卤汁香味渗透，蛋黄酥糯紧细，隔户便闻其香，现乃金陵地区最著名的风味小食之一，实为蛋中隽品。阁下依式制作，将使盐法重现，让人耳目一新。

不过，除盐烧外，袁枚另指出："加酱油煨亦可。"可见他并未反对用酱油煮茶叶蛋，而且手法相同。似乎戏法人人会变，偶尔换个花样，只要用心烹调，照样勾人馋涎，平添生活情趣。

山西名菜过油肉

在猪肉中，肉质柔嫩、口感极佳且结缔组织甚少的里脊肉，一直是众饕客眼中的珍品。其烹调成菜的手法颇多，最常见者为煎、炒、蒸、白灼和烧烤等。一般而言，广东人习惯用之做叉烧和猪柳排。至于山西省人士，不消我多说，自然是烧制名馔过油肉了。

一说早在南北朝时，山西临汾一带的官府，即以过油肉充当名菜，后来流传至太原。到了宋代，它已成饮食业的常馔，不论是餐馆或食摊，均可见其踪迹。明代之时，传入北京，又广泛流传各省，许多地方都有制作，手法各有千秋。另一说则是此菜起源于明朝，原是官府家中的一道名菜，其后在太原一带民间落户生根，再逐渐传播至山西其他地区。而今此肴在江苏、上海和浙江等地，尚可尝到佳品，成为一款既可登席荐餐亦能家常享用的可口佳肴，嗜此味者，大有人在。

不过，山西的过油肉，从选料到制作上，皆与众不同，除烹制精致外，亦具有浓厚的地方特色。

以肚大能容自居的逯耀东，生前在台湾大学历史系开个"中国饮食史"的课程，听者云从，脍炙人口。他自称"自幼嘴馋，及长更甚"，同时"味不分南北，食不论东西，即使粗蔬粝食，照样吞咽，什么都吃"。尤有甚者，"对于吃过的东西，牢记在心，若牛啮草，时时反刍"。因此，在他的著作中，对出自山西的过油肉，由于切身经历、体会，乃写出了一段"情味自在其中"的描述，挺有意思。

逯氏写道："幼时在家乡，四外祖母端过一碗'民生馆'（注：在徐州市）的过油肉给我吃，肉片嫩软，微有醋香。这些年在台湾'山西餐厅'，以前的糁锅（注：指徐州啥锅）和沙苍的'天兴居'，都有过油肉，但总不是那个味道。……那次去西安，然后更上陕北到延安，一路上都吃这道菜，却都不佳。当然，'凤仙酒家'（注：亦在徐州），已不复当年'民生馆'的口味了。倒是去年在北京的'泰丰楼'，竟吃到尚可的过油肉。"

制作此菜时，先将里脊肉切成大薄片，用鸡蛋、面粉卷匀抓透；炒锅置旺火上，加油，烧至七分熟，将肉片下锅，以筷子划散，使其不相粘连，待色呈金黄时，随即捞出。另，在锅内热油中，下马蹄葱（将大葱切马蹄状）、姜末、蒜片煸炒至香，再放焯过的笋片（或玉兰片）、木耳、菠菜和肉片，加醋、

　　　　　　　　　　　　　　味外之味

酱油和细盐翻炒。接着勾薄芡，再翻炒几下，淋些明油，出锅装盘即可。

　　成菜色泽棕黄，滋味香酥软嫩，乃佐酒下饭的隽品。但在调制之时，须谨记蛋与面粉要调匀，下醋的时机要快，油温更要拿捏得好。果能如此，虽不中亦不远了。

急中生智柱侯鸡

位于广东省的佛山镇，乃中国四大镇之一，向以木制漆器闻名。距今一个半世纪以前，由于一位厨师一时的灵感，发明一款鸡馔，居然名噪一时，盛誉迄今不衰，遂有"未尝柱侯鸡，枉作佛山行"的名谚，成为当地在食林史上的一大贡献。

话说清同治年间，本在佛山祖师庙前专卖卤水牛杂的梁柱侯，其好手艺被邻近的"三品楼酒家"老板相中，以高薪聘为司厨。适逢一年一度的庙会，当地人山人海，"三品楼"从早到晚供不应求，忙得不可开交，而采办来的食材，几乎卖个精光。正准备打烊时，一群士绅联袂而来，但酒楼存粮已罄，只剩笼中几只鸡，真个是窘态毕露。就在这节骨眼上，偏偏有客人表示，对吃鸡兴趣缺缺。老板不想开罪于他，急找梁大厨商议，想个转意的妙方。梁柱侯心生一计，且有意大显身手，借以博贵客欢心，便试制一款新肴，于是这急就章的"爆酱浸鸡"，竟成了应急好菜。

此菜的做法为：先将原油老豉压烂成酱，在烧热瓦罉后，下油把酱爆香，再加上汤煮沸，用剁好的鸡慢火浸透，随即斩件装盘；接着将鸡骨等熬汁，再把其汁淋上鸡面，然后以葱白佐食。待烧好后，老板端出飨客，其骨软肉滑、色味俱佳的食制，马上赢得举桌一致赞美。从此"爆酱浸鸡"之名不胫而走，成为酒楼镇店之宝。人们为了点菜方便，乃以人名菜，称其为"柱侯鸡"。

柱侯鸡一举成名后，人们对其制作时的特殊配料（即柱侯酱）极感兴趣，经历代厨师的继承和不断改善，柱侯酱更加浓郁芳醇，其系列食品，至今已发展出六十余种，蔚为大观。同时以此扬名的"三品楼酒家"，更不乏支持者与拥护者。前清一举人曾以八卦和时辰，撰一广东方言谐音的对联赠之。其上联为"乘兑入离酉辛家癸丁不论"，下联为"饮乾出艮卯丑物午未俱全"，横批则是"易牙妙手"，可谓赞誉备至。

另，有人填词一阕颂扬，其词曰："三品楼，三品楼，啧啧人言赞柱侯。焖鸡乳鸽大鳝猪头，水鱼山瑞鹅鸭兼优。"人菜楼三者同享盛名，称得上是个三赢局面。

人的潜力无穷，能够急中生智，即是其中一例。当年即兴制作的柱侯酱，现已大量瓶装上市，成为岭南一大名牌食品，取此烧菜，甚为简便，因而广受欢迎。这种热烈景况，绝非当年的梁柱侯所能梦见及想象得到的。所以，当阁下灵机一闪之际，何妨试烹新味，说不定也会风靡一时，进而垂誉百世哩！

冻饮白酒透心凉

　　如就饮酒的习惯而言，西方人的酒品，以冰过再饮较为常见，像红葡萄酒、白葡萄酒、香槟、啤酒等均是。东方人的酒类，早年如黄酒（包括女儿红、香雪、善酿及花雕等）、清酒，甚至是烧酒（即白酒），莫不烫了再喝。大致说来，冻饮的目的，在于凝香清洌、爽口沁脾，而且可以提振味蕾、缭绕唇舌；烫饮正好相反，既可纯净酒质、激发香气，且能暖中温胃、促进食欲。因此，前者多应用于炎夏，后者每见于严冬，气候使然也。

　　自 20 世纪中叶起，冻饮成了一种趋势，而且愈演愈烈，不仅已成气候，同时渐居主流。影响所及，连平日以常温饮之的威士忌、伏特加、白兰地（注：亦有在饭后，以手托杯使微温再饮者）等，不是加冰块，令其味淡或降低酒度，就是冰镇或冰冻，俾产生一种冷凝幽绝的效果，大大增强了饮酒下菜的目的。其中，又以冻饮最受瞩目，变化多，氛围大，反差强，在在引人入胜，乐此不疲。

酒度逼近六十度，与单一麦芽威士忌相近的白酒，早年以金门、马祖、东引、台湾"烟酒公卖局"所出产的玉山高粱酒或大曲酒为主，金门所产者，尤脍炙人口，最负盛名。而在饮用时，以物力维艰，多是配花生米，切几个卤菜，再来碗热汤，有时考究点，会来些热炒，甚至是火锅。另，在温度方面，一律是常温，有时为了拼酒或增量，就会加冰块或掺水，莫不习以为常。

自四十几年前大陆的白酒大量"投奔自由"（即走私来台）以来，非但品目繁多，而且香型、度数俱全，使好饮白酒人士，无不竞奔其间，以一品或一拼为快。同时台湾亦因经济起飞，菜色五花八门，大增饮酒之乐。其绝对的影响，即以冰冻的白酒搭配滚烫的麻辣火锅，不光冬日盛极一时，且在夏天津津恣享。综观其缘由，就出在冰冻后的白酒，取出上桌时，犹自结满白霜，逐渐沁出水滴，视觉动感均妙，而其徐徐倒入杯中之际，凝缩如油，滑亮冰清，光彩非凡。其最特别之处，在于入口更醇，浑身舒泰，且与麻辣火锅一经融合，滋味甘甜，呛辣全消，端的是一食难忘。其能风行至今，确有独特魅力，惊艳四面八方。

当时所冻饮的白酒，多为高酒度，鲜有低度酒。为了打开白酒市场，吸引年轻族群，白酒开始低度化，也打进鸡尾酒这个区块。像金酒公司即致力于此，制作"风"的调酒手札（配方），

味外之味

推出六款调酒，分别是下午的风、甜的记忆、夜袭、恋恋风尘、中央坑道及思念，由于新颖别致，引起阵阵涟漪，造就一股风潮。然而，我个人认为欲在夏天恣饮冻酒之乐，最好是喝以三十八度金门高粱酒所冻饮者。

炎炎夏日，胃口难开，畅饮啤酒配上烧烤、小食，或在居酒屋喝冰镇清酒搭配烧烤、天妇罗、寿司等，固然称快一时，但论余味隽永，沁人心脾，进而淋漓尽致，我想冻饮白酒搭配一些醉鸡、炝蟹、炝虾（一名满台飞）、烧鸡、羊羔、鱼冻、芥拌芹菜、松柏常青、卤味、黄金蛋、醉元宝、肴肉、风鸡、熏鱼、夫妻肺片等凉菜时，因质相近，且气相投，颇能相得益彰，食罢其味津津，自亦不在话下。

如果搭配热菜，倒是无所不宜，就以家常菜来说，像干煸四季豆、爆双脆、芋薯肉、红糟鳗、干炸里脊、过油肉、西坡蛋、粉蒸肉、豌豆鸡丝、白灼牛肉、蚝油鸡片、客家小炒等，都很合宜，浅酌慢斟细品，堪称乐趣无穷。

末了，总少不了要有汤汁佐饮，在此三伏热天，除前面提到的麻辣火锅外，我最推荐酸菜肚片汤下酒。以清配清，酸鲜合度，味爽酒洌，连尽数杯，不亦快哉！

冰肌玉质炒豆莛

　　天下之事，无奇不有。即使是山珍海味，也未必对人胃口。有时候，反而最不起眼的四时可生蔬菜，竟可制成一道应急佳肴。显然人世间的事，本就没个准儿。

　　话说乾隆将公主下嫁孔府后，便和"天下第一家"结为亲家。皇上心疼爱女，在他下江南时，不免绕道探视。衍圣公为了满足天子的口腹之欲，丝毫不敢怠慢。于是孔府内"一日三餐，进席开宴"的小厨房，自然全力承应，使出浑身解数。但见山珍争奇、海错竞香，佳肴鱼贯而上，让人眼花缭乱。不料皇上没有胃口，压根儿没动过筷子，这可急坏了在一旁侍膳的衍圣公，忙令厨师设法，只盼上邀天眷，龙口能开。

　　厨师临危受命，突然灵机一动，把绿豆芽掐头去尾，接着滚水一焯，再用几粒花椒爆锅，然后将豆芽略加煸炒，立刻盛盘献上。而在忙乱中，花椒没有拣净，一派质朴天然，更显"冰肌玉质"。乾隆颇感新鲜，便问菜里头的黑粒是什么东西。衍圣公回禀这是用来提味的花椒。或许出于好奇，皇帝尝了一口，竟然食欲大增，在扫光这盘后，越吃越香，又进了些好菜，顿使衍圣公如释重负。日后他想起这道菜，既让自己脱困，更蒙皇上赞赏，的确意义非凡，为了永志不忘，赐名"油泼豆莛"，遂成孔府常馔，一直留传下来。

富贵人家的饮食，讲究踵事增华，于是精致费工的"酿豆莛"便应运而生。据《清稗类钞》上的记载："豆芽菜使空，以鸡丝、火腿满塞之。嘉庆时最盛行。"其制法不外先把豆莛汆烫，浸冷水沥干后，再用牙签将其逐根掏空，最后在空隙中填入鸡肉茸或火腿末，使有红、白之别，随即以高汤加盐清炒而成。如依孔府厨师的现身说法，需二人同做半天，其量始足一盘。这道菜的费工耗时，由此可见一斑。

不过，戏法人人会变，巧妙各有不同。另一款官府菜"青白蛇"，亦深受世人欢迎，其做法为在豆莛内镶入香菜梗，因其形色似青、白二蛇而得名。此菜以旺火炒脆后，色泽鲜亮，造型逼真，清香适口。现仍流行于山东青州地区，乃一道有名的地方传统名菜，诸君如有闲情，不妨依式制作。

话说回来，现代人哪有闲工夫制作"酿豆莛"这种高档菜？只要先买好现成的掐菜（或称银芽、银针），切毕鸡丝或火腿丝，滴些米醋，撒上葱花，一并以旺火快炒，即是一道色、香、味、形、触俱佳的下饭好菜。而在吃酒席时，用此味打头阵，当可振奋味蕾，进而使食欲大开。

登基名馔蟠龙菜

　　蟠龙菜是明代宫廷的"皇菜"之一，又名"蟠龙卷切"，历来被列为御膳名珍。清人樊国楷在《竹枝词·吟蟠龙菜》中云："山珍海错不须供，富水春香酒味酽。满座宾客呼上菜，装成卷切号蟠龙。"此菜起自钟祥，以制作精细、造型美观、红中透黄、交相辉映、富丽堂皇、形似神龙著称，并因其"吃肉不见肉"、滋味鲜美独特，深受食客欢迎，数百年来，一直在湖北境内广为流传。

　　明正德十六年（1521），荒淫无道的武宗朱厚照驾崩，由于无子继位，乃遗诏由堂弟兴王朱厚熜嗣统，时在湖广安陆州长寿县（即今钟祥市）的朱厚熜接旨后，即思兼程进京。相传，他为避免不测，便召亲信商议，决定扮成"钦犯"，坐上囚车赶路，火速前往北京。然而，王爷自幼生长于大内，惯食山珍海味，故其沿途膳食，不可等闲视之，既要简单可口，也无丝毫破绽，于是王府内的厨师以净鱼、肉剁成肉泥，漂净滤去血水，加入淀粉和蛋清，再用其他调料，一起搅成肉糊，并在蛋皮上略涂银朱，经此精心设计，裹蒸成类似今日花寿司的粗长肉蛋卷，片而食之。

在解决吃之后，心腹扮成解差，一路顺利进京，厚熜登基为帝，年号嘉靖，即明世宗。

新皇帝登基，犹如蟠龙升天，自嘉靖即位后，便将此一"美"味，钦定为"皇菜"。且为应"龙钟吉祥"之说，更将长寿县易名"钟祥县"。此菜一经钦点，平民不可染指。待明朝覆灭后，它才回到民间，成了一道上馔。

蟠龙菜的制作要领，据《钟祥县志》记载："其质取猪肉之精者，和板油与鲜鱼剁成肉泥，和以绿豆粉、鸡蛋清，后用鸡蛋皮裹之，皮间附以银朱，蒸熟后切成薄片，置于碗中，红黄相间，宛然成龙形。"

而今制作此菜，基本沿袭古法，但亦有所改进。大体有四：其一为加大鱼茸的用料，使之更为鲜美；其二为造型多种多样，力求神似；其三为餐具不拘一格，因形选器，尽量和谐统一；其四则为可蒸可炸，因席面而灵活变化。不过，万变不离其宗，必须手工精细，红中透黄（或黄中透红），鱼肉兼香，入口鲜嫩，无油腻感，才算合格。

钟祥人一向视蟠龙菜为"龙"肴之冠，象征吉祥如意，成为当地民间特爱的佳肴美馔，是以每逢年过节或遇喜宴庆典，必备"蟠龙"一菜，搭配佳酿而食，备觉亲切有味。而在满桌菜肴热气缭绕之际，"龙"藏其间，栩栩如生，有点睛欲飞之势，尤令人惊艳叫绝。直至今日，人们登席赴宴，不食"蟠龙"，实为憾事。故"无龙不成席"之说，仍被当地奉为圭臬。

鲥鱼只能慢慢吃

金圣叹的三十六则"不亦快哉",读之使人兴味盎然。然而,人生除快意事外,亦有不少恨事。在清人编的《笑笑录》里,便记有一名刘渊的文人,性迂阔而好怪。他曾说过:"吾平生无所恨,所恨五事耳。第一,鲥鱼多骨;第二,金橘太酸;第三,莼菜性冷;第四,海棠无香;第五,曾子固(即曾巩,唐宋八大家之一)不能作诗。"他老兄竟把"鲥鱼多骨"排在首位,可见其恨之深。

无独有偶。已故的知名女作家张爱玲在谈到人生的四项恨事时,其中的一项,竟也是"鲥鱼多骨"。依我个人浅见,鲥鱼的骨刺多,正是其可爱处,可以慢慢品味,好好享用一番。毕竟,狼吞虎咽固然令人痛快,但少了番慎独的乐趣,未免怅然若有所失。但反过来看,细吸慢吮虽多耗些时光,唯品享其中的美妙滋味,才足以让食者回味无穷,无时或忘。

其实刀鱼多刺，并不亚于鲥鱼。宋人陶毂在《清异录》中戏称它为"骨鲠卿"，乃有名的长江三鲜之一。江南缙绅家厨，有办法去其骨，"无骨刀鱼"一味，即是其代表作。

"无骨刀鱼"的制法，功夫极细，要能耐烦。首先取极大而新鲜的刀鱼，从它的背上剖开，全其头而连其腹，接着以盐略腌，排列在瓷罐中，添入酒酿，隔水炖开，以脊骨透出为度，就罐中抽去脊骨，再用镊子钳去细刺，合拢仍为一条整鱼。最后用葱花、椒盐拌洁白猪油覆鱼上，上笼蒸到猪油尽熔，即可登席供客。此菜鲜而无骨、肥而不腻、细嫩如酥，其味至善，真不愧是河鲜极品。

诸君不免纳闷，同样是多刺的鲥鱼，为何不用此法去骨。原来鲥鱼的美味，全在"皮鳞之交，故食不去鳞"。况且其肉较松，欲保持其真味，只能用清蒸之法，因为久煮的鲥鱼味劣，诚不中吃。是以无骨刀鱼的做法，就派不上用场了。此外，春鲥数量有限，此际春寒料峭，正因甚难捕获，鱼稀少而价昂。老饕特珍其味，往往挖空心思，千方百计才弄得到手。当此之时，无不吃得津津有味、啧啧有声，岂有闲工夫挑剔，视其多刺为恨事！

人生在世，本就是个乐事、恨事、憾事和无所事事的综合体。在时空的交错下，彼此可以互变角色，充满着多样性。今之所谓恨事，亦有可能即未来的乐事。这个道理很简单，只要通过学习，努力不懈，便能怀"技"在身，吮鳞去骨有方。果能如此，滋味将越探越出，动作则越来越快，到那时候，恐怕还嫌鲥鱼的刺儿不够多哩！

味外之味

半月沉江食味美

　　在中国传统的素菜中,善用腐皮、豆腐、蒟蒻(魔芋)、粉皮、面筋、烤麸、素鸡等食材,制成各种"荤"肴,道道几可乱真,让人目不转睛。不过,现代人讲究本味、本色,在形态及搭配上,务以天然是尚。于是乎过去的那一套不再吃香,但其造型逼真,得名人加持的,仍有极高声誉。"半月沉江"这道菜,就是一个活生生的好例子。

　　福建省厦门市的名刹南普陀寺,位于五老峰脚下。据知名文学家汪曾祺的观察,它"几乎是一座全新的庙。到处都是金碧辉煌。屋檐石柱、彩画油漆、香炉烛台、幡幢供果,都像是新的。佛像大概是新装了金,锃亮锃亮"。然而,此寺虽不古老,但附设有素菜馆,所烹制的素菜取名典雅,佛门色彩浓郁,色、香、味、形俱佳,成为闻名遐迩的素菜馆之一,甚至与寺庙本身齐名,吸引着众多游客品尝与欣赏。

该素菜馆主要以豆类、面类、薯芋、蔬菜、香菇、木耳、竹笋等为食材，由于选料严格，刀工讲究，烹制细巧，纯素无荤，故风味别致，鲜美可口。掌厨者为自学成才、被誉为"素菜女状元"的刘宝治，她创有味鲜形美的素菜上百种，名品有丝雨孤云、半月沉江、香泥藏珠、白璧青丝、甜炸酥酡等。但论其名气之大及影响之远，必以半月沉江称尊。

1962 年秋，著名的文史大家郭沫若在饱览南普陀寺幽雅的景致后，再品尝该寺的斋菜。斋宴开席后，素菜馆的拿手好菜一一上桌。其中的一道菜，半边香菇沉于碗底，犹如半月落江中，造型不俗，这引起郭老极大兴味，在享受完此珍味后，不禁诗兴大发，即席赋诗一首。诗云："我自舟山来，普陀又普陀。天然林壑好，深憾题名多。半月沉江底，千峰入眼窝。三杯通大道，五老意如何？"此即其赫赫有名的《游南普陀》诗。

正因题诗中有"半月沉江底，千峰入眼窝"句，点出"半月沉江"的菜名，由是这道菜闻名中外，身价倍增。

本菜的制法特别，先把面筋摘成柱形状，置锅中以花生油炸成赤色，捞出滤去残油，浸沸水中泡软，切成圆片，再放入砂锅中，加香菇、当归、冬笋等料及盐、水，煮到面筋发软，即捞入汤碗，拣去当归，倒汤于碗中。另取碗一个，碗壁抹花生油，将香菇码入碗，接着添冬笋及汤。最后取一小碗，置当

夜打春雷第一声
满山新笋
玉棱买来
配猪花煮
肉不问
厨娘问
老僧江
曲史
诗书画

归片和水。此两碗一并入笼蒸二十分钟，取出，把菇、笋倒扣于汤碗中。此外，取一个砂锅，倒入清汤，加盐、水煮开，撒入芹菜珠、西红柿，滗入小碗中的当归汤调匀，然后起锅，浇入盛有蒸料的碗里即成。

此菜的做工繁复，具有汤汁鲜清、清脆芳香的特点，加上当归有活血补虚之效，实为一道具保健作用的典雅素馔。经常品享，功莫大焉。

品高雅的味中味

　　饮食散文要写得好，首在有趣。这个"趣"字，不光是博人一哂、妙语如珠，而且要意味隽永、逸兴遄飞，甚至能雅致盎然，有高人风致。准此以观，梁实秋的生花妙笔，不愧当代第一把手，同时放眼古今中外，亦鲜有能出其右者。

　　我一直认为要知食物之味，必先具备"爱吃、能吃、敢吃"这三个先天条件，始可达到"懂吃"这一最高境界。就梁实秋的饮食史来看，绝对符合以上的因素，终成一代方家。即以爱吃而言，他在《雅舍谈吃》里写道："记得从前在外留学时，想吃的家乡菜以爆肚儿为第一。后来回到北平……步行到煤市街'致美斋'独自小酌，一口气叫了三个爆肚儿，盐爆油爆汤爆，吃得我牙根清酸。"显然梁老之量匪浅，他又再点"一个清油饼一碗烩两鸡丝"，结果"酒足饭饱，大摇大摆还家"。日后回想起来，此一"生平快意之餐"，居然"隔五十余年犹不能忘"。

信手拈来，余韵无穷，看了令人垂涎欲滴。

梁老亦指出："一饮一啄，莫非前定。"关于此点，梁老可是口福无限，好到让人艳羡不已。他的父亲曾在北平与人开设以河南菜闻名的"厚德福饭庄"。该店以名菜"铁锅蛋"发家，菜色向以做工精细、味道纯正、不落俗套、特色鲜明著称。尽管店甚逼仄、陈旧，但因菜肴太可口了，故昔时"一些阔官显者颇多不惜纡尊降贵"，来到这里，只为"一快朵颐"。梁老生长于斯，自然遍尝珍馐。书中提到自家的菜品，除铁锅蛋外，尚有瓦块鱼、核桃腰、罗汉豆腐等。其实，"厚德福"的名菜，如两做鱼、红烧淡菜、黄猴天梯、酥鱼、风干鸡、鱿鱼卷、酥海带等，皆脍炙人口。且所制"月饼有枣泥、豆沙、玫瑰、火腿，味极佳，且能致远"。在此等环境孕育下，懂吃自在情理之中。

书中亦载其所嗜南北珍味及母亲擅长制的鱼丸、核桃酪等，娓娓道来，亦庄亦谐，张弛有致，文雅有趣。即令捧读再三，仍流连而忘返。纵使梁老自称他所写的吃，只是"偶因怀乡，谈美味以寄兴;聊为快意，过屠门而大嚼"，正因有所寄托，更能扣人心弦，情深意挚，含蕴不尽。

又，梁实秋的原配程季淑，是个"入厨好手"。抗战胜利后，她曾在北平学过烹饪，然后研究、实践，能烧无数好菜。据其旅居美国的女儿文蔷透露："我们的家庭生活乐趣，很大一部分是吃，妈妈一生的心血劳力，也多半花在吃上。……我们饭后，坐在客厅，喝茶闲聊，话题多半是吃，先说当天的菜肴有何得失，再谈改进之道，继而抱怨菜场货色不全，然后怀念故都的地道做法如何如何，最后浩叹一声，陷于绵绵的一缕乡思。"

长久处在此氛围下，梁实秋这位在梁小姐口中戏称的"美食理论家"，终于在年届八十高龄时，奋笔为文，完成《雅舍谈吃》一书。通书以食材为篇名，或荤或素，旁及点心和调味料；味兼南北，亦涉海外；同时高档菜与家常菜并存。信笔挥洒，无不佳妙。我特别欣赏他的笔火功深，精妙绝伦，常将本书置诸案右，得空拜读，一乐事也。

事实上，梁老的口福尚不止此。自娶韩菁清女士续弦后，依旧食指频动，天天有好汤喝。原来每晚临睡前，菁清都会用电饭锅炖一锅鸡汤，或添牛尾、蹄髈、排骨、牛筋、牛腩，再加点儿白菜、冬菇、包心菜、虾米、鞭尖之属，为的是让梁实秋在第二天的清晨和中午，"都有香浓可口的佳肴"。齿颊留香，好不幸福，难怪琴瑟和鸣，恩爱弥笃逾恒。

梁实秋饮食小品固然高雅出众，饶富兴味，但他的本质还是个馋人，曾撰文指出：馋所着重的，在"食物的质，最需要满足的是品味。上天生人，在他嘴里安放一条舌，舌上还有无数的味蕾，教人焉得不馋？馋，基于生理的要求，也可以发展成为近乎艺术的趣味"。此与幽默大师林语堂所讲的"我们需要认真对待的问题，不是宗教，也不是学问，而以吃为首，除非我们老老实实地对待这个问题，否则永远也不可能把吃和烹饪，提高到艺术的境界"，实有异曲同工之妙，足发吾人深省，进而懂得品味。

《雅舍谈吃》一书中，关于烹饪及品味者，俯拾皆是。前者有狮子头、菜包、白肉、薄饼等，巨细靡遗，可学而优再亲炙，裨益亲友，兼及众生。后者则有红烧大乌、铁锅蛋、芙蓉鸡片、汤包等，在大快朵颐之后，能品出其精致之处，升华人生况味。总之，它既实用又有趣，更可把饮食这一小道提升至美学高度，丰富大家的生活，姑不论是物质层面或精神层次。

饮食上的分与合

——《当筷子遇上刀叉》序

　　中西的饮食方式，其间差异，指不胜屈，经归纳之后，两者主要而明显的不同，以今日观之，应有如下三种：一为进食的工具，分别是用筷子与刀叉；二为用餐的形态，有聚食与分食之别；三是菜肴的呈现，则有锅子和盘子之分。因而有人指出：中国（含东方）的本质为藏宝一锅，以"味"为重心，形成所谓的"锅文化"；西方的特点乃聚珍一盘，以"悦目"为主旨，自然形成了"盘文化"。不过，本书的书名《当筷子遇上刀叉》，倒是让人感受到其中最深刻的一种。

　　严格说来，目前中餐必备的餐具为箸（筷子）与匕（餐匙），两者均起源于七千年前的新石器时代，用餐匙的历史较筷子略早。先秦时期，用餐兼用匕和箸，两者的分工明确，箸专用于取食羹中之菜，而食米饭或粥之时，一定得用匕。日后，则因筷子的实用性益高，可夹、可挑、可戳、可扒，渐取代餐匙的一部分功能。但时至今日，凡正规的餐会，其餐桌仍摆放着餐匙与筷子，食客每人一套。可见餐匙与筷子这两种餐具的密切联系，今古俱存，而且可以断言，将会持续下去。

关于刀子与叉子，据考古发现，餐刀的使用，古匈奴人即已开始并且常见，造型小巧而精致。中国古代之叉，亦源自新石器时代，集中出土于黄河流域，以中游地区所见为多，起初是双齿，称为"毕"（注：此叉之状类似二十八星宿中的毕星而得名）。其后又发展出四齿、三齿和五齿，盛行于战国时期，至于刀与叉并用，则陆续在元代的古墓中出土，足证源远流长。

中国的大叉起先是用作厨具，再依大叉制成小餐叉，主要供贵族食肉之用，盛行于战国时代。推敲其成因，或许是在不平常场合才使用的一种特别的进食工具，平日则可有可无。后来的餐叉，由于筷子的普及，作用更不明显，现已退居到第二线了。

西方人用叉子，其方式与中国同，亦是由厨具再进化成餐具。从 11 世纪左右的拜占庭帝国开始使用，距今顶多一千年。只是当时仅零星拥有，居然到了英国的伊丽莎白女王和法国国王路易十四时，还是用手取食，而且这种情形，一直在持续着。直到三百多年前，才有些许转变。在此之前，餐叉尚被视为颓废，甚至是更坏的东西，像中世纪德国的一个传教士，便把叉子斥为"魔鬼的奢侈品"，并说："如果上帝要我们用这种工具，他就不会给我们手指了。"尤令人难以置信的是，到了 1897 年，"英国海军的水兵们仍被禁止使用刀叉，因为刀叉被看作对保护纪律和男子气概有害"。

有趣的是，刀叉在中国因不如筷子实用，始终未像匕箸那样，居餐桌的主流地位。但它却在二三百年前，在西餐那边开花结果，成为餐桌上的主宰者。而以往在上海、当下在台湾流行吃所谓的"中菜西吃"（即享用传统中餐，餐具却用西化的刀叉），乃一种新的文化拼凑现象，所以，华人世界在餐桌上使用刀叉，确实是从西方传过来的，绝不能看作是中国古老传统的再现。换个角度来看，历史就是这样，"无巧不成书"。

本书探讨东西方在饮食上的各种比较，包括文化遗产、民俗与礼仪、科学与历史、馔肴文化、饮品文化等，铺陈详尽，具体而微，证明饮食并非小道，极有可观者焉。我在读罢之余，不禁感慨万千。前拜交通便利之赐，遂使饮食与天下大势如出一辙，"分久必合"。原以为已受地球村的影响，在全球化的冲击下，可以就近整合，类似欧洲共同市场，以货币为整合基础，再进一步强化。然而，近受高油价等的刺激，运输成本大增，渐强调慢食与小区域食材自给自足，导致"合久必分"。一些本以为能大一统的饮食业者，无不改弦更张，采取限缩政策，先观望自保，再徐图大举。

已故饮食文化名家唐振常曾说："文化是难以融合的，往

　　　　　　　　　　　　　味外之味

往只见其拼合。饮食的不同方式亦然，拼在一起，也是各取所需。"本书以古证今，探讨透彻，体系自成，别具一格，而且非常实用，确为读餐饮者及业餐饮者的宝典。盼诸君在明白饮食古今之变后，能活学活用，且"解其中味"，进而明了"民以食为天"的真谛所在。

我思与吃，故我在

——《四智说食》序

在清朝时，中国有特色之肴馔，分别是京师、山东、四川、广东、福建、江宁、苏州、镇江、扬州及淮安这十处，而江苏一地居其半。等到民国以后，则分成苏、粤、川、鲁四大菜系。因此，四川此一菜系，一向具有一定的举足轻重地位，倒是毋庸置疑的。而今，川菜更红遍海内外，在各地开花结果，吾人甚至可以这么说，只要有中国菜的地方，就必定有川菜，其流行之远及范围之广，可谓一时无两，当世无双。

近百年来，于川菜中最具影响力的大宗师，屈指数来，当属以"姑姑筵"名世的黄敬临和著作等身的熊四智。前者为川菜谱出一页传奇光彩，后者则将川菜等载诸文史，并进一步地发扬光大，著誉食林。

自命"油锅边镇守使，加封煨炖将军"的黄敬临，曾供职清宫光禄寺三年。因受慈禧太后赏识，赏以四品顶戴，故有"御厨"之称。由于家学渊博，加上慧心巧手，所开的馆子"姑姑筵"，其菜式结合宫廷与四川风味，能贵能贱，特重火候，不惜工本，以至色香味皆臻妙绝。画马名家同时也懂吃的徐悲鸿就指出："将贵重材料制成美味不难，难在将平凡菜色做好。"是以他一再光临"姑姑筵"，沉浸其中，乐此不疲，并与黄结为莫逆之交。

当时凡在"姑姑筵"订席（注：只能事先预订），一席至少索价三十银圆，且须三四天前亲临，至于请客者是何等人物，他会事先过滤，只要他认为是不忠不义之人，必婉言拒绝。此外，他亲自拟妥菜单，亲临厨房把关，亲手端菜上桌。而且东道主在发请帖时，必须给他一张，届时是否参加，却得悉听他便。等到他入席后，即从烹饪文化艺术上入手，对宾主详细评说今日所食菜肴，一般食客往往恭听其言，任他大摆"龙门阵"而不敢违。唯知味之人则谓："听其言，品其菜，可兼得耳福、口福。"

黄与"厚黑教主"李宗吾交好，李盛称他："以天厨之味，合南北之味，敬临之于烹饪，真可谓集大成者矣。"力劝他"撰一部食谱"，成就"不朽的盛业"，并明白指出："有此绝艺，自己乃不甚重视，不以之公诸于世而传诸后，不亦大可惜乎？"敬临颇以为然，遂着手撰写，完成《烹饪学》一书，李宗吾还为此书写序。可惜并未付梓，书稿散佚四方，从此这位"安于舞刀弄铲，正是文人半生好下场""做得二十二省味道，也要些功夫"的一代厨神，终未留下片纸只字，迄今仍是食界一大憾事。

世事真的难料，黄敬临的毕生遗憾，却被熊四智发挥得淋漓尽致，其成果且足以藏诸名山，流传千古。

熊四智为重庆人，"七七事变"当天出生，生前长期担任素有"中国大厨摇篮"之称的四川烹饪高等专科学校教授及川菜研究室主任。他原是个人民解放军的文艺兵，演奏大提琴。其后因缘际会，于1978年开始从事烹饪研究，牺牲假日和娱乐，前后有三十余载。而非科班出身的他，却能自学成才，自1986年教学以来，更打起全副精神，潜心读书及研究，从零碎的古籍中，翻检出关于饮食的论述，百川汇海，滔滔不绝，遂从一名深入研究中国烹饪理论的探路者，致力于发扬孙中山誉为"至今尚为各国所不及的中国'饮食一道'"，由中华烹饪文化层面与科学入手，逐渐形成一己体系，奠定其在这方面的权威地位。于是乎日本的中国料理研究家波多野须美女士推崇他乃"中国食文化权威"，诚名至而实归。

儒雅的熊四智，专力致志，一生勤奋不懈，治学严谨不拘泥，勇于突破与创新，一直秉持着用平常心做实在事的原则，一则积极培育烹饪人才，现已桃李满天下，再则笔耕不辍，能独辟蹊径，广征博引，成一家之言。也由于他吃得够多，看得够广，写得够透，再加上能守住一方心灵净土，终于博得"酸甜苦辣俱尝尽，妙论宏文笔底出"的赞誉。

学富五车的熊四智，在三十年的烹饪研究历程中，一共撰写了近五百篇与饮食烹饪有关的文章、论文，在出版的著作中，以《四川名小吃》《中国烹饪学概论》《食之乐》《菜肴创新之路》《中国人的饮食奥秘》等最脍炙人口。其著述与论文多次获奖并迭获好评。1998年时，原商业部乃授予他"部级优秀专家"称号。另，合著者则有《正宗川菜》《川菜龙门阵》《火锅》《家常宴》等十二种。此外，他还主编《中国饮食诗文大典》和《中国食经》之"食论篇""食事篇"等四种。因他不循故辙，不落前人窠臼，故能以新思维、新眼光、新角度走出一条自己的路。尤可贵者，他的著述，不论是介绍川菜，抑或是探讨中国式的烹调，研究中华民族的饮食传统、饮食文化，都能将它们置于广阔的社会、自然、文化背景之中，抽丝剥茧，愈探愈妙，同行们遂奉为圭臬，誉之为"在烹饪理论上有重大突破"。

综观熊氏的研究，可归结为三大特点：首先是视角新。他突破以往主要着眼于烹饪技艺研究的局限，将烹饪视为一种文化、一门科学、一项艺术来研究，大大开阔其视野，使得烹饪理论更上层楼，"望尽天涯路"。其次为主意新。他跳脱出传统烹饪格局，把饮食与人们的生存享受、发展需要、民族素质的提高、精神文明的建设等结合在一起，为中国当代的烹饪注入了新的时代气息。最后是思路新。他对中国几千年来所形成的膳食结构，从社会学、哲学、医学、营养学等角度进行论述，从而提出专属中国的膳食结构，能充分体现人与自然高度和谐统一的论断，此即天人合一的生态观、养生食治的营养观和五味调和的美食观。正因他以历史为基础，以现实为着眼点，且以未来为目标，始能博大精深，见微知著，兼及高瞻远瞩，得言他人所不能言，进而独树一帜，成就震古烁今。

熊氏学识渊博，一生著述极富，治学务求严谨，自言："我每写一篇文章，都有'履薄冰临深渊'的感觉。道听途说、转述摘引的材料，从不引以为据。"在如此坚决下，久而久之，其文公信力卓著，自然形成论据实、论证足、观点新、分量重的独有风格。除此之外，他也通过对中国各地菜肴的比较研究，提出并证实了"味在四川""汤在山东""刀在淮扬""香在八桂"等观点，言简意赅，寓意深远，已在烹饪理论界获得广大回响及普遍承认，现被广泛采用，一致认为这是知味识味的内行话。

熊先生进一步指出："中国烹饪文化是个大宝库，可挖掘、可整理、可继承、可发扬的科学、艺术、技术方面太多了，特别是中国人的饮食文化精华，更令世人惊叹。"于是他"通过点点滴滴的学习、研究、实践"，陆续写了许许多多的科普文章和论文，用来记录他的学习与感悟。这些文章与论文，浩如烟海，如非朝夕苦研、再三致意于此，岂能窥其堂奥？所幸在他过世前，四川出版集团先后出版了《四智论食》与《四智说食》这两部书。按照熊氏自己的说法，"前者为'论'食，后者为'说'

食，相互成为姐妹篇，便于读者参照"。就我个人而言，前者重理论，而后者富趣味，想要　读上手，一读难忘，取这本"说食"入门，应是深得其中无穷况味的不二法门。

日本学者水野蓉女士称熊氏写的《中国传统烹饪技术十论》一文为"技术论说明畅、精辟、完美"，小标题则"用字贴切、惟妙、雅致"。其实，《四智说食》这一巨作，本身所传达的，就是这个极致。本书虽分"纵横饮食""菜之神韵""十圣饮食"和"千珍百筵"这四个部分，但里头无论是论文、小品、随笔、杂文等体裁，在其信手拈来下，都与他本人一样，"貌似平常、朴实无华、从容余裕，难得几个俏丽泛词，却选取不同视角，娓娓道来，旁征博引，发前人所未发"。而且读过这些文章，则"有如闲庭信步于构筑起来的美妙画廊"，"更可以看出这画廊凝聚着那砖瓦沙石的力量"。信哉此言！

基本上，这本《四智说食》可说是其前作《食之乐》的扩充加强版。我个人致力于饮食文化及其体系的研究，迄今已二十五六年，不敢说遍览群籍，却也博览群书，总算略有小成。台湾的著作物，起先是由唐鲁孙、高阳、梁实秋、逯耀东诸公入手，而阅读大陆方面出版的第一本食书，即是熊先生所著的《食之乐》，翻阅再三，启迪之深，至今犹能道其详。《四智说食》即以此书为根基，读之如剥蒜般，先看到的是一些表象，如饮食之乐、十圣饮食哲理等，接着向内寻去，则是烹饪的历史、文化的蕴意及饮食结构等等，愈往核心，也愈精彩，不仅全面而深刻，更有独到的见解，如果说这情况是"大智治小鲜，平淡见真味"，则是语有所本，绝非溢美之词。

台湾刚光复时，纷至沓来的"外省菜"，曾引爆台菜的"哈中风"，由于时势所趋，大江南北的名厨齐集宝岛，"中国菜"一跃而居主流地位。曾几何时，本土意识抬头，改头换面的台菜和以生猛为取向的港式海鲜结合，风靡一时，沛然莫之能御。导致早年大家耳熟能详的"外省菜"，居然一蹶不振。再加上这些年来的"去中国化"，也反映在饮食上。外国菜则因新潮时髦，大受青年朋友的喜爱，更使得以往壁垒分明的各邦菜系，如川菜、江浙菜、湘菜、北方菜等，逐渐合流，终至消泯，竟然只存其名。是以今日的"中国菜"在台湾，堪称聊备一格而已。在这种情形下，一度是"中"菜天堂的台湾，真个是不堪回首。

当菜系不再吃香，老饕必所剩无几，这更加速中国菜在台湾的没落，人们所吃的，只是似曾相识或不地道的，根本谈不上什么是饮食文化，享乐主义遂凌驾一切，于是吃饱之后，再一起去唱卡拉OK，蔚成一股风潮。此一情形，与陈之藩笔下"失根的兰花"，倒颇有异曲同工之妙。假若人们日后在用中餐时，于品其味外，能拾其源流，明白它们背后的文化，既得其乐，更融聪慧，那么台湾成为一个书香与菜香熔铸一体的社会，整体向上提升，也就指日可待了。

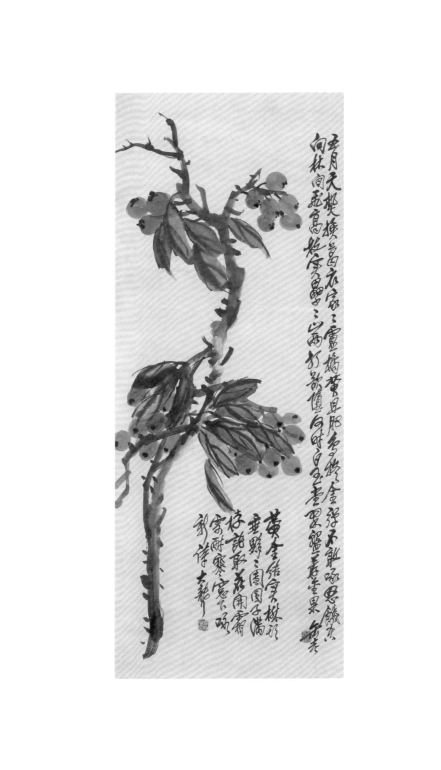

至于总是力图把自己的理论研究与市场相结合并经常深入餐饮企业、替企业的发展出谋划策的熊四智，一向极力倡导饮食与文化等结合，他始终认为饮食业的竞争，最终还是文化的竞争。因此，彰显文化特色、突出文化意蕴的作为，才是现代餐饮业的时代需求，也唯有如此的具体实践，中国的烹饪文化，方得以落地生根，发扬光大。反观台湾的餐饮业者，在一拨拨陆客已经自由行的当下，其因应措施，是否已真的准备好了？

　　总之，这部《四智说食》，已从各种层面去探究中国的饮食及烹饪文化，言皆有物，既不徒托空话，也不立异以为高，而且趣味横溢，在采撷吸收后，更能吐故纳新，充满着无限可能。不论您是餐饮业者或纯粹是读者，一旦捧此而读，不但能开卷有益，且据此"转益多师是我师"，自然也就不在话下了。

欲识真川味，唯向生活寻

——石光华《我的川菜生活》台湾版序

川菜是中国的四大菜系之一，源远流长，风味百变，自古即以"尚滋味""好辛香"著称，从而产生所谓的"七滋八味"（注：七滋即甜、酸、麻、辣、苦、香、咸；八味即鱼香、酸辣、椒麻、怪味、麻辣、红油、姜汁、家常）。当然啰，食味万千的川味，岂止于此？像陈皮、豆瓣、椒盐、荔枝、蒜泥、麻酱、芥末等，全是大家耳熟能详的味型。大致而言，其种类不下三十种。因而，在它们交互穿插下，川味遂变幻莫测，博得"百菜百味，一菜一格"的美誉。其中的怪味，更非比寻常，竟号称"川菜中和声重叠的交响乐"，繁复多样，味中有味，彼此和谐，神韵特出，如未品尝再三，无法心领神会。

事实上，台湾的川菜亦曾独领风骚。自1947年"凯歌归餐厅"在台北开幕后，即占一席之地。1951年左右，"龙香""渝园""峨眉"等陆续开业，从此家喻户晓，造成一股声势。以后则更上层楼,"中华""华夏""福祥""大同""国鼎""天一""大顺""荣安""今顺""沁园"等继之而起,如雨后春笋般,林立台北街头,其影响所及,人们品享川菜,已成家常便饭,大宴小酌,经济实惠。其后,"芷园""福星""荣星""联安"等大型川菜餐厅另辟新局,不论在经营、装潢、服务等方面,均令人耳目一新。尤有甚者,就是增加"粉味",形成独特景观,招致无数饕客。可惜后来本末倒置,手艺不再坚持,品质相对下降,难再吸引识味之士。于是乎各店家负隅顽抗,希冀再造荣景。可叹时不我与,靠股市、房市发迹的暴发户们,只会追求高价位,港式海鲜乃取而代之,成为食界新宠,天天门庭若市。至此,川菜从盛极一时到打落冷宫,不出四十年,却式微至今,已无人闻问。

换个角度来看,台湾川菜没落,绝非只加"粉味",而是习性改变,从未落实生活之中。是以粤风北进,即失去其傍依,主流地位不保,沦为旁枝末节,终成明日黄花。

近观石光华先生《我的川菜生活》一书,其对川味的着墨,固然让人惊艳;但他自身融入生活的体验,才是最可观之处。加上他颇通割烹之道,故娓娓道来,皆中肯綮,读之余味不尽,享受味外之味,实为文采灿然、言之有物的饮食文化巨著,放眼当今,罕出其右。

虽然本书篇篇精彩,但我对第十篇的"百菜还是白菜好",

却情有独钟，盖作者所拈出的，不仅仅是食物中的滋味，更是极耐咀嚼的生活哲学。也唯有能体会"淡中滋味长"之旨，才能体悟川菜那"淡妆浓抹总相宜"的真滋味，并掌握"万变不离其宗"的真契机。